# Timed Multiplication Facts
## Drills Improve Speed and Accuracy

### Grades 4-6

**Written by Ruth Solski**
**Illustrated by S&S Learning Materials**

---

**About the author:**

Ruth Solski was an educator for 30 years. Ruth has written many educational resources over the years and is the founder of S&S Learning Materials. As a writer, her main goal is to provide teachers with a useful tool that they can implement in their classrooms to bring the joy of learning to children.

---

**ISBN 978-1-55035-899-5**
**Copyright 2008**

**All Rights Reserved * Printed in Canada**

Published in the United States by:
On The Mark Press
3909 Witmer Road PMB 175
Niagara Falls, New York
14305
www.onthemarkpress.com

Published in Canada by:
S&S Learning Materials
15 Dairy Avenue
Napanee, Ontario
K7R 1M4
www.sslearning.com

# At  Glance

| Learning Expectations | Pages 4 to 6 | Pages 7 to 10 | Pages 11 to 14 | Pages 15 to 18 | Pages 19 to 22 | Pages 23 to 24 | Pages 25 to 28 | Pages 29 to 32 | Pages 33 to 36 | Pages 37 to 40 | Pages 41 to 42 | Pages 43 to 46 |
|---|---|---|---|---|---|---|---|---|---|---|---|---|
| **Multiplication Facts** | | | | | | | | | | | | |
| • To strengthen multiplication fact recall | • | • | • | • | • | • | • | • | • | • | • | • |
| • Improve speed and accuracy in multiplication facts | • | • | • | • | • | • | • | • | • | • | • | • |
| • Develop the ability to memorize | • | • | • | • | • | • | • | • | • | • | • | • |
| **Timed Drills** | | | | | | | | | | | | |
| • Zero and One times Tables | • | | | | | | | | | | | |
| • Two Times Table | | • | | | | | | | | | | |
| • Three Times Table | | | • | | | | | | | | | |
| • Four Times Table | | | | • | | | | | | | | |
| • Five Times Table | | | | | • | | | | | | | |
| • Zero to Five Times Table Reviews | | | | | | • | | | | | | |
| • Six Times Table | | | | | | | • | | | | | |
| • Seven Times Table | | | | | | | | • | | | | |
| • Eight Times Table | | | | | | | | | • | | | |
| • Nine Times Table | | | | | | | | | | • | | |
| • Six to Nine Times Table Review | | | | | | | | | | | • | |
| • Reviews of all Times Tables | | | | | | | | | | | | • |

# Timed Multiplication Facts
## Drills Improve Speed and Accuracy

## Table of Contents

# A Note to the Teacher:

The multiplication fact drills have been designated to help strengthen students' speed and accuracy through practice during a specified time or each student could be timed individually. This practice will help to strengthen the process of memorization which is a skill needed to recall facts quickly.

Some of the drills are shorter and are to be completed on a specified day. Each drill page concentrates on a specific area in multiplication fact recall. The drills proceed from the easiest level to the most difficult level. Each level has a daily practice page, a home practice page, an extra practice page, and a review test page.

The daily practice page is divided into five days. Each day of the week the student is to complete a drill. The date, score, and time it took are to be recorded in each section. This page could be glued into the students' workbooks or kept in individual file folders.

The home practice page is to be sent home to practice fact recall with parent supervision. Once completed it is to be returned to school and signed by a parent. A letter of explanation should be sent home with the first practice page explaining how it is to be completed.

The extra practice drill sheet is to be used with students who are still having difficulty recalling facts quickly and accurately. It is a different approach to the timed drill method. The student must complete the fact with its missing number. There is no extra practice page for multiplying with zero and one.

The review page or test page is to be used to test the speed and accuracy within a given length of time. Begin with five minutes graduating down to one minute. Tell students when to begin and when to stop. Have the student circle the last completed question with a red crayon or a red pencil crayon. The students are to exchange their papers and to mark each incorrect answer with a red dot as you read the answers aloud. Have the students count the number of correct answers. No credit is to be given to incomplete answers. The student is to record the number of correct answers, the time, and the date on each sheet where indicated. On each review test have all incomplete answers finished for extra practice after the completed answers have been marked.

There are two timed review tests for each section that may be used after each section has been practiced successfully. These test will evaluate students' speed and accuracy in each section.

The final drill pages test all the facts in the multiplication tables. These pages are to be used in the same manner as the other drills.

The results of the various drills may be recorded on the Score Record Sheets provided in this book.

# Times Zero and Times One Drills

Name: _____

---

**Date: Monday** _____  Score: _____ /25  Time: _____ Min. _____ Sec.

| | | | | |
|---|---|---|---|---|
| 0 x 0 = ____ | 2 x 0 = ____ | 1 x 3 = ____ | 4 x 0 = ____ | 0 x 5 = ____ |
| 1 x 0 = ____ | 1 x 2 = ____ | 4 x 1 = ____ | 0 x 3 = ____ | 1 x 6 = ____ |
| 1 x 1 = ____ | 3 x 1 = ____ | 0 x 3 = ____ | 5 x 0 = ____ | 7 x 1 = ____ |
| 2 x 1 = ____ | 0 x 2 = ____ | 1 x 4 = ____ | 6 x 1 = ____ | 6 x 0 = ____ |
| 0 x 1 = ____ | 3 x 0 = ____ | 5 x 1 = ____ | 1 x 5 = ____ | 1 x 8 = ____ |

---

**Date: Tuesday** _____  Score: _____ /25  Time: _____ Min. _____ Sec.

| | | | | |
|---|---|---|---|---|
| 1 x 9 = ____ | 8 x 1 = ____ | 3 x 1 = ____ | 9 x 1 = ____ | 0 x 8 = ____ |
| 8 x 1 = ____ | 1 x 9 = ____ | 1 x 6 = ____ | 0 x 1 = ____ | 2 x 1 = ____ |
| 0 x 0 = ____ | 6 x 0 = ____ | 1 x 9 = ____ | 6 x 1 = ____ | 1 x 0 = ____ |
| 2 x 0 = ____ | 0 x 5 = ____ | 7 x 0 = ____ | 1 x 9 = ____ | 0 x 4 = ____ |
| 1 x 6 = ____ | 2 x 0 = ____ | 0 x 4 = ____ | 5 x 1 = ____ | 9 x 0 = ____ |

---

**Date: Wednesday** _____  Score: _____ /25  Time: _____ Min. _____ Sec.

| | | | | |
|---|---|---|---|---|
| 9 x 1 = ____ | 3 x 0 = ____ | 7 x 0 = ____ | 1 x 1 = ____ | 0 x 1 = ____ |
| 1 x 5 = ____ | 4 x 1 = ____ | 0 x 9 = ____ | 7 x 1 = ____ | 1 x 2 = ____ |
| 4 x 0 = ____ | 1 x 9 = ____ | 5 x 1 = ____ | 0 x 9 = ____ | 4 x 1 = ____ |
| 0 x 0 = ____ | 0 x 5 = ____ | 1 x 3 = ____ | 1 x 4 = ____ | 1 x 3 = ____ |
| 1 x 6 = ____ | 8 x 1 = ____ | 0 x 9 = ____ | 7 x 1 = ____ | 5 x 0 = ____ |

---

**Date: Thursday** _____  Score: _____ /25  Time: _____ Min. _____ Sec.

| | | | | |
|---|---|---|---|---|
| 2 x 1 = ____ | 9 x 1 = ____ | 7 x 1 = ____ | 5 x 1 = ____ | 1 x 5 = ____ |
| 9 x 0 = ____ | 0 x 5 = ____ | 1 x 1 = ____ | 8 x 0 = ____ | 7 x 1 = ____ |
| 3 x 1 = ____ | 0 x 9 = ____ | 0 x 1 = ____ | 9 x 1 = ____ | 8 x 0 = ____ |
| 0 x 8 = ____ | 6 x 1 = ____ | 0 x 6 = ____ | 7 x 0 = ____ | 0 x 1 = ____ |
| 1 x 8 = ____ | 8 x 0 = ____ | 9 x 1 = ____ | 0 x 5 = ____ | 0 x 0 = ____ |

---

**Date: Friday** _____  Score: _____ /25  Time: _____ Min. _____ Sec.

| | | | | |
|---|---|---|---|---|
| 3 x 1 = ____ | 7 x 1 = ____ | 2 x 1 = ____ | 0 x 4 = ____ | 2 x 1 = ____ |
| 0 x 5 = ____ | 4 x 0 = ____ | 4 x 0 = ____ | 7 x 0 = ____ | 1 x 0 = ____ |
| 6 x 1 = ____ | 0 x 5 = ____ | 3 x 1 = ____ | 3 x 1 = ____ | 1 x 9 = ____ |
| 0 x 3 = ____ | 6 x 0 = ____ | 1 x 7 = ____ | 5 x 0 = ____ | 1 x 8 = ____ |
| 9 x 0 = ____ | 1 x 9 = ____ | 6 x 1 = ____ | 0 x 8 = ____ | 9 x 0 = ____ |

---

# Home Practice Times Zero and Times One Drills

Name: _____

| Monday | Tuesday | Wednesday | Thursday | Friday |
|---|---|---|---|---|
| 0 x 0 = ____ | 1 x 9 = ____ | 9 x 1 = ____ | 2 x 1 = ____ | 3 x 1 = ____ |
| 1 x 0 = ____ | 8 x 1 = ____ | 1 x 5 = ____ | 9 x 0 = ____ | 0 x 5 = ____ |
| 1 x 1 = ____ | 0 x 0 = ____ | 4 x 0 = ____ | 3 x 1 = ____ | 6 x 1 = ____ |
| 2 x 1 = ____ | 2 x 0 = ____ | 0 x 0 = ____ | 0 x 8 = ____ | 0 x 3 = ____ |
| 0 x 1 = ____ | 1 x 6 = ____ | 1 x 6 = ____ | 1 x 8 = ____ | 9 x 0 = ____ |
| 2 x 0 = ____ | 8 x 1 = ____ | 3 x 0 = ____ | 9 x 1 = ____ | 7 x 1 = ____ |
| 1 x 2 = ____ | 1 x 9 = ____ | 4 x 1 = ____ | 0 x 5 = ____ | 4 x 0 = ____ |
| 3 x 1 = ____ | 6 x 0 = ____ | 1 x 9 = ____ | 0 x 9 = ____ | 0 x 5 = ____ |
| 0 x 2 = ____ | 0 x 5 = ____ | 0 x 5 = ____ | 6 x 1 = ____ | 6 x 0 = ____ |
| 3 x 0 = ____ | 2 x 0 = ____ | 8 x 1 = ____ | 8 x 0 = ____ | 1 x 9 = ____ |
| 1 x 3 = ____ | 3 x 1 = ____ | 7 x 0 = ____ | 7 x 1 = ____ | 2 x 1 = ____ |
| 4 x 1 = ____ | 1 x 6 = ____ | 0 x 9 = ____ | 1 x 1 = ____ | 4 x 0 = ____ |
| 0 x 3 = ____ | 1 x 9 = ____ | 5 x 1 = ____ | 0 x 1 = ____ | 3 x 1 = ____ |
| 1 x 4 = ____ | 7 x 0 = ____ | 1 x 3 = ____ | 0 x 6 = ____ | 1 x 7 = ____ |
| 5 x 1 = ____ | 0 x 4 = ____ | 0 x 9 = ____ | 9 x 1 = ____ | 6 x 1 = ____ |
| 4 x 0 = ____ | 9 x 1 = ____ | 1 x 1 = ____ | 5 x 1 = ____ | 0 x 4 = ____ |
| 0 x 3 = ____ | 0 x 1 = ____ | 7 x 1 = ____ | 8 x 0 = ____ | 7 x 0 = ____ |
| 5 x 0 = ____ | 6 x 1 = ____ | 0 x 9 = ____ | 9 x 1 = ____ | 3 x 1 = ____ |
| 6 x 1 = ____ | 1 x 9 = ____ | 1 x 4 = ____ | 7 x 0 = ____ | 5 x 0 = ____ |
| 1 x 5 = ____ | 5 x 1 = ____ | 7 x 1 = ____ | 0 x 5 = ____ | 0 x 8 = ____ |
| 0 x 5 = ____ | 0 x 8 = ____ | 0 x 1 = ____ | 1 x 5 = ____ | 2 x 1 = ____ |
| 1 x 6 = ____ | 2 x 1 = ____ | 1 x 2 = ____ | 7 x 1 = ____ | 1 x 0 = ____ |
| 7 x 1 = ____ | 1 x 0 = ____ | 4 x 1 = ____ | 8 x 0 = ____ | 1 x 9 = ____ |
| 6 x 0 = ____ | 0 x 4 = ____ | 1 x 3 = ____ | 0 x 1 = ____ | 1 x 8 = ____ |
| 1 x 8 = ____ | 9 x 0 = ____ | 5 x 0 = ____ | 0 x 0 = ____ | 9 x 0 = ____ |
| Score: ____/25 <br> _____ Min. <br> _____ Sec. | Score: ____/25 <br> _____ Min. <br> _____ Sec. | Score: ____/25 <br> _____ Min. <br> _____ Sec. | Score: ____/25 <br> _____ Min. <br> _____ Sec. | Score: ____/25 <br> _____ Min. <br> _____ Sec. |

# Times Zero and Times One Review Test

Name: _____

| | | | | | | | | | |
|---|---|---|---|---|---|---|---|---|---|
| 0<br>× 0 | 1<br>× 0 | 1<br>× 1 | 2<br>× 1 | 0<br>× 1 | 2<br>× 0 | 1<br>× 2 | 3<br>× 1 | 0<br>× 2 | 3<br>× 0 |
| 1<br>× 3 | 4<br>× 1 | 0<br>× 3 | 0<br>× 4 | 5<br>× 1 | 4<br>× 0 | 0<br>× 3 | 5<br>× 0 | 6<br>× 1 | 1<br>× 5 |
| 0<br>× 5 | 1<br>× 6 | 7<br>× 1 | 6<br>× 0 | 1<br>× 8 | 1<br>× 9 | 8<br>× 1 | 0<br>× 0 | 2<br>× 0 | 1<br>× 6 |
| 8<br>× 1 | 1<br>× 9 | 6<br>× 0 | 0<br>× 5 | 2<br>× 0 | 3<br>× 1 | 1<br>× 6 | 1<br>× 9 | 7<br>× 0 | 0<br>× 4 |
| 9<br>× 1 | 0<br>× 1 | 6<br>× 1 | 1<br>× 9 | 5<br>× 1 | 0<br>× 8 | 2<br>× 1 | 1<br>× 0 | 0<br>× 4 | 9<br>× 0 |
| 1<br>× 5 | 4<br>× 0 | 0<br>× 0 | 1<br>× 6 | 3<br>× 0 | 4<br>× 1 | 9<br>× 1 | 0<br>× 5 | 8<br>× 1 | 1<br>× 9 |
| 7<br>× 0 | 0<br>× 9 | 5<br>× 1 | 1<br>× 3 | 0<br>× 9 | 1<br>× 1 | 7<br>× 1 | 0<br>× 9 | 1<br>× 4 | 7<br>× 1 |
| 0<br>× 1 | 1<br>× 2 | 4<br>× 1 | 1<br>× 3 | 5<br>× 0 | 2<br>× 1 | 9<br>× 0 | 3<br>× 1 | 0<br>× 8 | 1<br>× 8 |
| 9<br>× 1 | 0<br>× 5 | 0<br>× 9 | 6<br>× 1 | 8<br>× 0 | 7<br>× 1 | 1<br>× 1 | 0<br>× 1 | 0<br>× 6 | 9<br>× 1 |
| 5<br>× 1 | 8<br>× 0 | 9<br>× 1 | 7<br>× 0 | 0<br>× 5 | 1<br>× 5 | 7<br>× 1 | 8<br>× 0 | 0<br>× 1 | 1<br>× 2 |

Date: _____  Score: _____ /100  Time: _____ Min. _____ Sec.

7

# Times Two Drills

**Name:** _____

---

**Date: Monday** _____   **Score:** _____ /25   **Time:** _____ Min. _____ Sec.

| | | | | |
|---|---|---|---|---|
| 2 x 3 = ____ | 2 x 0 = ____ | 2 x 3 = ____ | 2 x 0 = ____ | 2 x 5 = ____ |
| 2 x 5 = ____ | 2 x 6 = ____ | 2 x 5 = ____ | 2 x 6 = ____ | 2 x 8 = ____ |
| 2 x 8 = ____ | 2 x 9 = ____ | 2 x 8 = ____ | 2 x 9 = ____ | 2 x 2 = ____ |
| 2 x 2 = ____ | 2 x 7 = ____ | 2 x 2 = ____ | 2 x 1 = ____ | 2 x 4 = ____ |
| 2 x 4 = ____ | 2 x 1 = ____ | 2 x 4 = ____ | 2 x 3 = ____ | 2 x 9 = ____ |

---

**Date: Tuesday** _____   **Score:** _____ /25   **Time:** _____ Min. _____ Sec.

| | | | | |
|---|---|---|---|---|
| 2 x 2 = ____ | 2 x 1 = ____ | 2 x 2 = ____ | 2 x 1 = ____ | 2 x 4 = ____ |
| 2 x 4 = ____ | 2 x 8 = ____ | 2 x 4 = ____ | 2 x 8 = ____ | 2 x 7 = ____ |
| 2 x 7 = ____ | 2 x 0 = ____ | 2 x 7 = ____ | 2 x 0 = ____ | 2 x 3 = ____ |
| 2 x 3 = ____ | 2 x 9 = ____ | 2 x 3 = ____ | 2 x 6 = ____ | 2 x 5 = ____ |
| 2 x 5 = ____ | 2 x 6 = ____ | 2 x 5 = ____ | 2 x 2 = ____ | 2 x 1 = ____ |

---

**Date: Wednesday** _____   **Score:** _____ /25   **Time:** _____ Min. _____ Sec.

| | | | | |
|---|---|---|---|---|
| 2 x 6 = ____ | 2 x 7 = ____ | 2 x 6 = ____ | 2 x 0 = ____ | 2 x 3 = ____ |
| 2 x 4 = ____ | 2 x 9 = ____ | 2 x 4 = ____ | 2 x 5 = ____ | 2 x 8 = ____ |
| 2 x 0 = ____ | 2 x 3 = ____ | 2 x 0 = ____ | 2 x 2 = ____ | 2 x 1 = ____ |
| 2 x 5 = ____ | 2 x 8 = ____ | 2 x 2 = ____ | 2 x 7 = ____ | 2 x 6 = ____ |
| 2 x 2 = ____ | 2 x 1 = ____ | 2 x 4 = ____ | 2 x 9 = ____ | 2 x 4 = ____ |

---

**Date: Thursday** _____   **Score:** _____ /25   **Time:** _____ Min. _____ Sec.

| | | | | |
|---|---|---|---|---|
| 2 x 1 = ____ | 2 x 5 = ____ | 2 x 1 = ____ | 2 x 5 = ____ | 2 x 1 = ____ |
| 2 x 6 = ____ | 2 x 3 = ____ | 2 x 6 = ____ | 2 x 3 = ____ | 2 x 6 = ____ |
| 2 x 9 = ____ | 2 x 8 = ____ | 2 x 9 = ____ | 2 x 8 = ____ | 2 x 9 = ____ |
| 2 x 2 = ____ | 2 x 4 = ____ | 2 x 2 = ____ | 2 x 4 = ____ | 2 x 2 = ____ |
| 2 x 7 = ____ | 2 x 0 = ____ | 2 x 7 = ____ | 2 x 0 = ____ | 2 x 7 = ____ |

---

**Date: Friday** _____   **Score:** _____ /25   **Time:** _____ Min. _____ Sec.

| | | | | |
|---|---|---|---|---|
| 2 x 0 = ____ | 2 x 2 = ____ | 2 x 0 = ____ | 2 x 2 = ____ | 2 x 0 = ____ |
| 2 x 1 = ____ | 2 x 6 = ____ | 2 x 3 = ____ | 2 x 6 = ____ | 2 x 3 = ____ |
| 2 x 8 = ____ | 2 x 4 = ____ | 2 x 8 = ____ | 2 x 4 = ____ | 2 x 8 = ____ |
| 2 x 7 = ____ | 2 x 1 = ____ | 2 x 5 = ____ | 2 x 1 = ____ | 2 x 7 = ____ |
| 2 x 9 = ____ | 2 x 5 = ____ | 2 x 9 = ____ | 2 x 5 = ____ | 2 x 9 = ____ |

---

# Home Practice Times Two Drills

Name: _____

| Monday | Tuesday | Wednesday | Thursday | Friday |
|---|---|---|---|---|
| 2 x 6 = ____ | 2 x 0 = ____ | 2 x 1 = ____ | 2 x 2 = ____ | 2 x 3 = ____ |
| 2 x 4 = ____ | 2 x 1 = ____ | 2 x 6 = ____ | 2 x 4 = ____ | 2 x 5 = ____ |
| 2 x 0 = ____ | 2 x 8 = ____ | 2 x 9 = ____ | 2 x 7 = ____ | 2 x 8 = ____ |
| 2 x 5 = ____ | 2 x 7 = ____ | 2 x 2 = ____ | 2 x 3 = ____ | 2 x 2 = ____ |
| 2 x 2 = ____ | 2 x 9 = ____ | 2 x 7 = ____ | 2 x 5 = ____ | 2 x 4 = ____ |
| 2 x 7 = ____ | 2 x 2 = ____ | 2 x 5 = ____ | 2 x 1 = ____ | 2 x 0 = ____ |
| 2 x 9 = ____ | 2 x 6 = ____ | 2 x 3 = ____ | 2 x 8 = ____ | 2 x 6 = ____ |
| 2 x 3 = ____ | 2 x 4 = ____ | 2 x 8 = ____ | 2 x 0 = ____ | 2 x 9 = ____ |
| 2 x 8 = ____ | 2 x 1 = ____ | 2 x 4 = ____ | 2 x 9 = ____ | 2 x 7 = ____ |
| 2 x 1 = ____ | 2 x 5 = ____ | 2 x 0 = ____ | 2 x 6 = ____ | 2 x 1 = ____ |
| 2 x 6 = ____ | 2 x 0 = ____ | 2 x 1 = ____ | 2 x 2 = ____ | 2 x 3 = ____ |
| 2 x 4 = ____ | 2 x 3 = ____ | 2 x 6 = ____ | 2 x 4 = ____ | 2 x 5 = ____ |
| 2 x 0 = ____ | 2 x 8 = ____ | 2 x 9 = ____ | 2 x 7 = ____ | 2 x 8 = ____ |
| 2 x 2 = ____ | 2 x 5 = ____ | 2 x 2 = ____ | 2 x 3 = ____ | 2 x 2 = ____ |
| 2 x 4 = ____ | 2 x 9 = ____ | 2 x 7 = ____ | 2 x 5 = ____ | 2 x 4 = ____ |
| 2 x 0 = ____ | 2 x 2 = ____ | 2 x 5 = ____ | 2 x 1 = ____ | 2 x 0 = ____ |
| 2 x 5 = ____ | 2 x 6 = ____ | 2 x 3 = ____ | 2 x 8 = ____ | 2 x 6 = ____ |
| 2 x 2 = ____ | 2 x 4 = ____ | 2 x 8 = ____ | 2 x 0 = ____ | 2 x 9 = ____ |
| 2 x 7 = ____ | 2 x 1 = ____ | 2 x 4 = ____ | 2 x 6 = ____ | 2 x 1 = ____ |
| 2 x 9 = ____ | 2 x 5 = ____ | 2 x 0 = ____ | 2 x 2 = ____ | 2 x 3 = ____ |
| 2 x 3 = ____ | 2 x 0 = ____ | 2 x 1 = ____ | 2 x 4 = ____ | 2 x 5 = ____ |
| 2 x 8 = ____ | 2 x 3 = ____ | 2 x 6 = ____ | 2 x 7 = ____ | 2 x 8 = ____ |
| 2 x 1 = ____ | 2 x 8 = ____ | 2 x 9 = ____ | 2 x 3 = ____ | 2 x 2 = ____ |
| 2 x 6 = ____ | 2 x 7 = ____ | 2 x 2 = ____ | 2 x 5 = ____ | 2 x 4 = ____ |
| 2 x 4 = ____ | 2 x 9 = ____ | 2 x 7 = ____ | 2 x 1 = ____ | 2 x 9 = ____ |
| Score: ____/25 | Score: ____/25 | Score: ____/25 | Score: ____/25 | Score: ____/25 |
| ____ Min. | ____ Min. | ____ Min. | ____ Min. | ____ Min. |
| ____ Sec. | ____ Sec. | ____ Sec. | ____ Sec. | ____ Sec. |

# Extra Practice Times Two Drills

Name: _____

| Day 1 | Day 2 | Day 3 | Day 4 | Day 5 |
|---|---|---|---|---|
| 2 x ___ = 6 | 2 x ___ = 4 | 2 x ___ = 12 | 2 x 1 = ___ | 2 x 0 = ___ |
| ___ x 5 = 10 | ___ x 4 = 8 | 2 x ___ = 8 | 2 x 6 = ___ | 2 x 1 = ___ |
| 2 x 8 = ___ | 2 x 7 = ___ | 2 x ___ = 2 | 2 x 9 = ___ | 2 x 8 = ___ |
| 2 x ___ = 4 | 2 x ___ = 6 | 2 x ___ = 10 | 2 x 2 = ___ | 2 x ___ = 14 |
| ___ x 0 = 0 | ___ x 5 = 10 | 2 x ___ = 14 | 2 x 7 = ___ | 2 x ___ = 18 |
| 2 x 6 = ___ | 2 x 1 = ___ | 2 x ___ = 14 | 2 x 5 = ___ | 2 x ___ = 4 |
| 2 x ___ = 18 | 2 x ___ = 16 | 2 x ___ = 18 | 2 x 3 = ___ | 2 x ___ = 12 |
| ___ x 7 = 14 | ___ x 0 = 2 | 2 x ___ = 6 | 2 x 8 = ___ | 2 x ___ = 8 |
| 2 x 1 = ___ | 2 x 9 = ___ | 2 x ___ = 16 | 2 x 4 = ___ | 2 x ___ = 2 |
| 2 x ___ = 6 | ___ x 6 = 12 | 2 x ___ = 2 | 2 x 0 = ___ | 2 x 5 = ___ |
| ___ x 8 = 16 | 2 x ___ = 4 | 2 x ___ = 12 | 2 x 1 = ___ | 2 x 0 = ___ |
| 2 x 3 = ___ | 2 x 4 = ___ | 2 x ___ = 8 | 2 x 6 = ___ | 2 x 3 = ___ |
| 2 x ___ = 4 | ___ x 7 = 14 | 2 x ___ = 0 | 2 x 9 = ___ | 2 x ___ = 16 |
| ___ x 4 = 8 | 2 x ___ = 6 | 2 x ___ = 4 | 2 x 2 = ___ | 2 x ___ = 10 |
| 2 x ___ = 2 | 2 x 5 = ___ | 2 x ___ = 8 | 2 x 7 = ___ | 2 x ___ = 18 |
| 2 x 6 = ___ | 2 x ___ = 2 | 2 x ___ = 0 | 2 x 5 = ___ | 2 x 2 = ___ |
| ___ x 9 = 18 | ___ x 8 = 16 | 2 x ___ = 10 | 2 x 3 = ___ | 2 x 6 = ___ |
| 2 x ___ = 2 | 2 x 0 = ___ | 2 x ___ = 4 | 2 x 8 = ___ | 2 x 4 = ___ |
| 2 x 3 = ___ | ___ x 6 = 12 | 2 x ___ = 14 | 2 x 4 = ___ | 2 x ___ = 2 |
| ___ x 5 = 10 | 2 x ___ = 4 | 2 x ___ = 18 | 2 x 0 = ___ | 2 x ___ = 10 |
| 2 x ___ = 16 | ___ x 7 = 14 | 2 x ___ = 16 | 2 x 1 = ___ | 2 x ___ = 2 |
| ___ x 2 = 4 | 2 x ___ = 6 | 2 x ___ = 16 | 2 x 6 = ___ | 2 x 3 = ___ |
| 2 x 4 = ___ | 2 x 5 = ___ | 2 x ___ = 2 | 2 x 9 = ___ | 2 x 8 = ___ |
| 2 x ___ = 18 | ___ x 1 = 2 | 2 x ___ = 12 | 2 x 2 = ___ | 2 x 7 = ___ |
| ___ x 6 = 12 | 2 x 7 = ___ | 2 x ___ = 8 | 2 x 7 = ___ | 2 x 9 = ___ |
| Score: _____ /25 | Score: _____ /25 | Score: _____ /25 | Score: _____ /25 | Score: _____ /25 |
| _____ Min. | _____ Min. | _____ Min. | _____ Min. | _____ Min. |
| _____ Sec. | _____ Sec. | _____ Sec. | _____ Sec. | _____ Sec. |

OTM-1141 • SSK1-41 Timed Multiplication Facts

# Times Two Review Test

Name: _____

| | | | | | | | | | |
|---|---|---|---|---|---|---|---|---|---|
| 3 <br> x 2 | 5 <br> x 2 | 8 <br> x 2 | 2 <br> x 2 | 4 <br> x 2 | 0 <br> x 2 | 6 <br> x 2 | 9 <br> x 2 | 7 <br> x 2 | 1 <br> x 2 |
| 3 <br> x 2 | 2 <br> x 2 | 4 <br> x 2 | 5 <br> x 2 | 0 <br> x 2 | 6 <br> x 2 | 8 <br> x 2 | 1 <br> x 2 | 3 <br> x 2 | 9 <br> x 2 |
| 5 <br> x 2 | 8 <br> x 2 | 2 <br> x 2 | 4 <br> x 2 | 9 <br> x 2 | 2 <br> x 2 | 4 <br> x 2 | 7 <br> x 2 | 3 <br> x 2 | 5 <br> x 2 |
| 1 <br> x 2 | 8 <br> x 2 | 0 <br> x 2 | 9 <br> x 2 | 6 <br> x 2 | 4 <br> x 2 | 7 <br> x 2 | 3 <br> x 2 | 5 <br> x 2 | 2 <br> x 2 |
| 1 <br> x 2 | 0 <br> x 2 | 2 <br> x 2 | 8 <br> x 2 | 4 <br> x 2 | 7 <br> x 2 | 6 <br> x 2 | 1 <br> x 2 | 6 <br> x 2 | 3 <br> x 2 |
| 6 <br> x 2 | 9 <br> x 2 | 7 <br> x 2 | 5 <br> x 2 | 3 <br> x 2 | 2 <br> x 2 | 8 <br> x 2 | 4 <br> x 2 | 0 <br> x 2 | 1 <br> x 2 |
| 2 <br> x 2 | 7 <br> x 2 | 3 <br> x 2 | 6 <br> x 2 | 8 <br> x 2 | 4 <br> x 2 | 9 <br> x 2 | 0 <br> x 2 | 5 <br> x 2 | 6 <br> x 2 |
| 1 <br> x 2 | 6 <br> x 2 | 9 <br> x 2 | 2 <br> x 2 | 7 <br> x 2 | 0 <br> x 2 | 1 <br> x 2 | 8 <br> x 2 | 7 <br> x 2 | 9 <br> x 2 |
| 2 <br> x 2 | 4 <br> x 2 | 1 <br> x 2 | 6 <br> x 2 | 5 <br> x 2 | 3 <br> x 2 | 8 <br> x 2 | 5 <br> x 2 | 0 <br> x 2 | 2 <br> x 2 |
| 6 <br> x 2 | 1 <br> x 2 | 9 <br> x 2 | 0 <br> x 2 | 4 <br> x 2 | 7 <br> x 2 | 5 <br> x 2 | 9 <br> x 2 | 8 <br> x 2 | 3 <br> x 2 |

Date: _____   Score: _____ /100   Time: _____ Min. _____ Sec.

# Times Three Drills

Name: _____

---

**Date: Monday** _____ Score: _____ /25  Time: _____ Min. _____ Sec.

| | | | | |
|---|---|---|---|---|
| 3 x 3 = ___ | 3 x 0 = ___ | 3 x 3 = ___ | 3 x 0 = ___ | 3 x 5 = ___ |
| 3 x 5 = ___ | 3 x 6 = ___ | 3 x 5 = ___ | 3 x 6 = ___ | 3 x 8 = ___ |
| 3 x 8 = ___ | 3 x 9 = ___ | 3 x 8 = ___ | 3 x 9 = ___ | 3 x 2 = ___ |
| 3 x 2 = ___ | 3 x 7 = ___ | 3 x 2 = ___ | 3 x 1 = ___ | 3 x 4 = ___ |
| 3 x 4 = ___ | 3 x 1 = ___ | 3 x 4 = ___ | 3 x 3 = ___ | 3 x 9 = ___ |

---

**Date: Tuesday** _____ Score: _____ /25  Time: _____ Min. _____ Sec.

| | | | | |
|---|---|---|---|---|
| 3 x 2 = ___ | 3 x 1 = ___ | 3 x 2 = ___ | 3 x 1 = ___ | 3 x 4 = ___ |
| 3 x 4 = ___ | 3 x 8 = ___ | 3 x 4 = ___ | 3 x 8 = ___ | 3 x 7 = ___ |
| 3 x 7 = ___ | 3 x 0 = ___ | 3 x 7 = ___ | 3 x 0 = ___ | 3 x 3 = ___ |
| 3 x 3 = ___ | 3 x 9 = ___ | 3 x 3 = ___ | 3 x 6 = ___ | 3 x 5 = ___ |
| 3 x 5 = ___ | 3 x 6 = ___ | 3 x 5 = ___ | 3 x 2 = ___ | 3 x 1 = ___ |

---

**Date: Wednesday** _____ Score: _____ /25  Time: _____ Min. _____ Sec.

| | | | | |
|---|---|---|---|---|
| 3 x 6 = ___ | 3 x 7 = ___ | 3 x 6 = ___ | 3 x 0 = ___ | 3 x 3 = ___ |
| 3 x 4 = ___ | 3 x 9 = ___ | 3 x 4 = ___ | 3 x 5 = ___ | 3 x 8 = ___ |
| 3 x 0 = ___ | 3 x 3 = ___ | 3 x 0 = ___ | 3 x 2 = ___ | 3 x 1 = ___ |
| 3 x 5 = ___ | 3 x 8 = ___ | 3 x 2 = ___ | 3 x 7 = ___ | 3 x 6 = ___ |
| 3 x 2 = ___ | 3 x 1 = ___ | 3 x 4 = ___ | 3 x 9 = ___ | 3 x 4 = ___ |

---

**Date: Thursday** _____ Score: _____ /25  Time: _____ Min. _____ Sec.

| | | | | |
|---|---|---|---|---|
| 3 x 1 = ___ | 3 x 5 = ___ | 3 x 1 = ___ | 3 x 5 = ___ | 3 x 1 = ___ |
| 3 x 6 = ___ | 3 x 3 = ___ | 3 x 6 = ___ | 3 x 3 = ___ | 3 x 6 = ___ |
| 3 x 9 = ___ | 3 x 8 = ___ | 3 x 9 = ___ | 3 x 8 = ___ | 3 x 9 = ___ |
| 3 x 2 = ___ | 3 x 4 = ___ | 3 x 2 = ___ | 3 x 4 = ___ | 3 x 2 = ___ |
| 3 x 7 = ___ | 3 x 0 = ___ | 3 x 7 = ___ | 3 x 0 = ___ | 3 x 7 = ___ |

---

**Date: Friday** _____ Score: _____ /25  Time: _____ Min. _____ Sec.

| | | | | |
|---|---|---|---|---|
| 3 x 0 = ___ | 3 x 2 = ___ | 3 x 0 = ___ | 3 x 2 = ___ | 3 x 0 = ___ |
| 3 x 1 = ___ | 3 x 6 = ___ | 3 x 3 = ___ | 3 x 6 = ___ | 3 x 3 = ___ |
| 3 x 8 = ___ | 3 x 4 = ___ | 3 x 8 = ___ | 3 x 4 = ___ | 3 x 8 = ___ |
| 3 x 7 = ___ | 3 x 1 = ___ | 3 x 5 = ___ | 3 x 1 = ___ | 3 x 7 = ___ |
| 3 x 9 = ___ | 3 x 5 = ___ | 3 x 9 = ___ | 3 x 5 = ___ | 3 x 9 = ___ |

---

# Home Practice Times Three Drills

Name: _____

| Monday | Tuesday | Wednesday | Thursday | Friday |
|--------|---------|-----------|----------|--------|
| 3 x 3 = ____ | 3 x 1 = ____ | 3 x 0 = ____ | 3 x 6 = ____ | 3 x 2 = ____ |
| 3 x 5 = ____ | 3 x 6 = ____ | 3 x 1 = ____ | 3 x 4 = ____ | 3 x 4 = ____ |
| 3 x 8 = ____ | 3 x 9 = ____ | 3 x 8 = ____ | 3 x 0 = ____ | 3 x 7 = ____ |
| 3 x 2 = ____ | 3 x 2 = ____ | 3 x 7 = ____ | 3 x 5 = ____ | 3 x 3 = ____ |
| 3 x 4 = ____ | 3 x 7 = ____ | 3 x 9 = ____ | 3 x 2 = ____ | 3 x 5 = ____ |
| 3 x 0 = ____ | 3 x 5 = ____ | 3 x 2 = ____ | 3 x 7 = ____ | 3 x 1 = ____ |
| 3 x 6 = ____ | 3 x 3 = ____ | 3 x 6 = ____ | 3 x 9 = ____ | 3 x 8 = ____ |
| 3 x 9 = ____ | 3 x 8 = ____ | 3 x 4 = ____ | 3 x 3 = ____ | 3 x 0 = ____ |
| 3 x 7 = ____ | 3 x 4 = ____ | 3 x 1 = ____ | 3 x 8 = ____ | 3 x 9 = ____ |
| 3 x 1 = ____ | 3 x 0 = ____ | 3 x 5 = ____ | 3 x 1 = ____ | 3 x 6 = ____ |
| 3 x 3 = ____ | 3 x 1 = ____ | 3 x 0 = ____ | 3 x 6 = ____ | 3 x 2 = ____ |
| 3 x 5 = ____ | 3 x 6 = ____ | 3 x 3 = ____ | 3 x 4 = ____ | 3 x 4 = ____ |
| 3 x 8 = ____ | 3 x 9 = ____ | 3 x 8 = ____ | 3 x 0 = ____ | 3 x 7 = ____ |
| 3 x 2 = ____ | 3 x 2 = ____ | 3 x 5 = ____ | 3 x 2 = ____ | 3 x 3 = ____ |
| 3 x 4 = ____ | 3 x 7 = ____ | 3 x 9 = ____ | 3 x 4 = ____ | 3 x 5 = ____ |
| 3 x 0 = ____ | 3 x 5 = ____ | 3 x 2 = ____ | 3 x 0 = ____ | 3 x 1 = ____ |
| 3 x 6 = ____ | 3 x 3 = ____ | 3 x 6 = ____ | 3 x 5 = ____ | 3 x 8 = ____ |
| 3 x 9 = ____ | 3 x 8 = ____ | 3 x 4 = ____ | 3 x 2 = ____ | 3 x 0 = ____ |
| 3 x 1 = ____ | 3 x 4 = ____ | 3 x 1 = ____ | 3 x 7 = ____ | 3 x 6 = ____ |
| 3 x 3 = ____ | 3 x 0 = ____ | 3 x 5 = ____ | 3 x 9 = ____ | 3 x 2 = ____ |
| 3 x 5 = ____ | 3 x 1 = ____ | 3 x 0 = ____ | 3 x 3 = ____ | 3 x 4 = ____ |
| 3 x 8 = ____ | 3 x 6 = ____ | 3 x 3 = ____ | 3 x 8 = ____ | 3 x 7 = ____ |
| 3 x 2 = ____ | 3 x 9 = ____ | 3 x 8 = ____ | 3 x 1 = ____ | 3 x 5 = ____ |
| 3 x 4 = ____ | 3 x 2 = ____ | 3 x 7 = ____ | 3 x 6 = ____ | 3 x 3 = ____ |
| 3 x 9 = ____ | 3 x 7 = ____ | 3 x 9 = ____ | 3 x 4 = ____ | 3 x 1 = ____ |
| Score: ____/25 | Score: ____/25 | Score: ____/25 | Score: ____/25 | Score: ____/25 |
| ____ Min. | ____ Min. | ____ Min. | ____ Min. | ____ Min. |
| ____ Sec. | ____ Sec. | ____ Sec. | ____ Sec. | ____ Sec. |

# Extra Practice Times Three Drills

Name: _____

| Day 1 | Day 2 | Day 3 | Day 4 | Day 5 |
|---|---|---|---|---|
| 3 x ___ = 3 | 3 x ___ = 3 | 3 x ___ = 18 | 3 x 2 = ___ | 3 x 3 = ___ |
| ___ x 1 = 3 | ___ x 6 = 18 | 3 x ___ = 24 | 3 x 4 = ___ | 3 x 5 = ___ |
| 3 x 8 = ___ | 3 x 9 = ___ | 3 x ___ = 0 | 3 x 7 = ___ | 3 x 8 = ___ |
| 3 x ___ = 21 | 3 x ___ = 6 | 3 x ___ = 15 | 3 x 3 = ___ | 3 x ___ = 6 |
| ___ x 9 = 27 | ___ x 7 = 21 | 3 x ___ = 6 | 3 x 5 = ___ | 3 x ___ = 12 |
| 3 x 2 = ___ | 3 x 5 = ___ | 3 x ___ = 21 | 3 x 1 = ___ | 3 x ___ = 0 |
| 3 x ___ = 18 | 3 x ___ = 9 | 3 x ___ = 27 | 3 x 8 = ___ | 3 x ___ = 18 |
| ___ x 4 = 12 | ___ x 8 = 24 | 3 x ___ = 9 | 3 x 0 = ___ | 3 x ___ = 27 |
| 3 x 1 = ___ | 3 x 4 = ___ | 3 x ___ = 24 | 3 x 9 = ___ | 3 x ___ = 21 |
| 3 x ___ = 15 | 3 x ___ = 0 | 3 x ___ = 3 | 3 x 6 = ___ | 3 x 1 = ___ |
| ___ x 0 = 0 | ___ x 1 = 3 | 3 x ___ = 18 | 3 x 2 = ___ | 3 x 3 = ___ |
| 3 x 3 = ___ | 3 x 6 = ___ | 3 x ___ = 21 | 3 x 4 = ___ | 3 x 5 = ___ |
| 3 x ___ = 24 | 3 x ___ = 6 | 3 x ___ = 0 | 3 x 7 = ___ | 3 x ___ = 24 |
| ___ x 5 = 15 | ___ x 9 = 27 | 3 x ___ = 6 | 3 x 3 = ___ | 3 x ___ = 6 |
| 3 x 9 = ___ | 3 x ___ = 9 | 3 x ___ = 12 | 3 x 5 = ___ | 3 x ___ = 12 |
| 3 x ___ = 6 | 3 x ___ = 3 | 3 x ___ = 0 | 3 x 1 = ___ | 3 x ___ = 0 |
| ___ x 4 = 12 | ___ x 7 = 21 | 3 x ___ = 15 | 3 x 8 = ___ | 3 x ___ = 18 |
| 3 x 1 = ___ | 3 x 5 = ___ | 3 x ___ = 6 | 3 x 0 = ___ | 3 x ___ = 9 |
| 3 x ___ = 15 | 3 x ___ = 0 | 3 x ___ = 21 | 3 x 6 = ___ | 3 x 2 = ___ |
| ___ x 0 = 0 | ___ x 8 = 24 | 3 x ___ = 27 | 3 x 2 = ___ | 3 x 4 = ___ |
| 3 x 3 = ___ | 3 x 4 = ___ | 3 x ___ = 9 | 3 x 4 = ___ | 3 x 7 = ___ |
| 3 x ___ = 24 | 3 x ___ = 27 | 3 x ___ = 24 | 3 x 7 = ___ | 3 x ___ = 24 |
| ___ x 7 = 21 | ___ x 2 = 6 | 3 x ___ = 3 | 3 x 3 = ___ | 3 x ___ = 3 |
| 3 x 9 = ___ | 3 x 6 = ___ | 3 x ___ = 18 | 3 x 5 = ___ | 3 x ___ = 12 |
| 3 x 5 = ___ | 3 x 7 = ___ | 3 x ___ = 12 | 3 x 1 = ___ | 3 x ___ = 15 |
| Score: _____ /25 | Score: _____ /25 | Score: _____ /25 | Score: _____ /25 | Score: _____ /25 |
| _____ Min. | _____ Min. | _____ Min. | _____ Min. | _____ Min. |
| _____ Sec. | _____ Sec. | _____ Sec. | _____ Sec. | _____ Sec. |

# Times Three Review Test

Name: _____

| | | | | | | | | | |
|---|---|---|---|---|---|---|---|---|---|
| 3<br>x 3 | 5<br>x 3 | 8<br>x 3 | 2<br>x 3 | 4<br>x 3 | 0<br>x 3 | 6<br>x 3 | 9<br>x 3 | 7<br>x 3 | 1<br>x 3 |
| 9<br>x 3 | 7<br>x 3 | 6<br>x 3 | 5<br>x 3 | 3<br>x 3 | 4<br>x 3 | 2<br>x 3 | 1<br>x 3 | 0<br>x 3 | 8<br>x 3 |
| 6<br>x 3 | 4<br>x 3 | 3<br>x 3 | 2<br>x 3 | 1<br>x 3 | 5<br>x 3 | 7<br>x 3 | 9<br>x 3 | 8<br>x 3 | 0<br>x 3 |
| 0<br>x 3 | 5<br>x 3 | 4<br>x 3 | 2<br>x 3 | 6<br>x 3 | 7<br>x 3 | 9<br>x 3 | 3<br>x 3 | 1<br>x 3 | 8<br>x 3 |
| 7<br>x 3 | 5<br>x 3 | 3<br>x 3 | 1<br>x 3 | 9<br>x 3 | 6<br>x 3 | 0<br>x 3 | 2<br>x 3 | 4<br>x 3 | 9<br>x 3 |
| 6<br>x 3 | 3<br>x 3 | 9<br>x 3 | 1<br>x 3 | 5<br>x 3 | 9<br>x 3 | 8<br>x 3 | 7<br>x 3 | 6<br>x 3 | 4<br>x 3 |
| 9<br>x 3 | 8<br>x 3 | 7<br>x 3 | 6<br>x 3 | 5<br>x 3 | 4<br>x 3 | 3<br>x 3 | 2<br>x 3 | 1<br>x 3 | 0<br>x 3 |
| 3<br>x 3 | 6<br>x 3 | 9<br>x 3 | 1<br>x 3 | 2<br>x 3 | 4<br>x 3 | 8<br>x 3 | 5<br>x 3 | 7<br>x 3 | 4<br>x 3 |
| 1<br>x 3 | 0<br>x 3 | 2<br>x 3 | 4<br>x 3 | 3<br>x 3 | 7<br>x 3 | 6<br>x 3 | 5<br>x 3 | 9<br>x 3 | 8<br>x 3 |
| 3<br>x 3 | 0<br>x 3 | 2<br>x 3 | 1<br>x 3 | 5<br>x 3 | 7<br>x 3 | 4<br>x 3 | 0<br>x 3 | 2<br>x 3 | 8<br>x 3 |

Date: _____ Score: _____/100 Time: _____ Min. _____ Sec.

# Times Four Drills

Name: _____

---

Date: Monday_____    Score: _____ /25   Time: _____ Min. _____ Sec.

| | | | | |
|---|---|---|---|---|
| 4 x 3 = ____ | 4 x 0 = ____ | 4 x 3 = ____ | 4 x 0 = ____ | 4 x 8 = ____ |
| 4 x 5 = ____ | 4 x 6 = ____ | 4 x 5 = ____ | 4 x 6 = ____ | 4 x 5 = ____ |
| 4 x 8 = ____ | 4 x 9 = ____ | 4 x 8 = ____ | 4 x 9 = ____ | 4 x 2 = ____ |
| 4 x 2 = ____ | 4 x 7 = ____ | 4 x 2 = ____ | 4 x 1 = ____ | 4 x 4 = ____ |
| 4 x 4 = ____ | 4 x 1 = ____ | 4 x 4 = ____ | 4 x 3 = ____ | 4 x 9 = ____ |

---

Date: Tuesday_____    Score: _____ /25   Time: _____ Min. _____ Sec.

| | | | | |
|---|---|---|---|---|
| 4 x 2 = ____ | 4 x 1 = ____ | 4 x 2 = ____ | 4 x 1 = ____ | 4 x 4 = ____ |
| 4 x 4 = ____ | 4 x 8 = ____ | 4 x 4 = ____ | 4 x 8 = ____ | 4 x 7 = ____ |
| 4 x 7 = ____ | 4 x 0 = ____ | 4 x 7 = ____ | 4 x 0 = ____ | 4 x 3 = ____ |
| 4 x 3 = ____ | 4 x 9 = ____ | 4 x 3 = ____ | 4 x 6 = ____ | 4 x 5 = ____ |
| 4 x 5 = ____ | 4 x 6 = ____ | 4 x 5 = ____ | 4 x 2 = ____ | 4 x 1 = ____ |

---

Date: Wednesday_____    Score: _____ /25   Time: _____ Min. _____ Sec.

| | | | | |
|---|---|---|---|---|
| 4 x 6 = ____ | 4 x 7 = ____ | 4 x 6 = ____ | 4 x 0 = ____ | 4 x 3 = ____ |
| 4 x 4 = ____ | 4 x 9 = ____ | 4 x 4 = ____ | 4 x 5 = ____ | 4 x 8 = ____ |
| 4 x 0 = ____ | 4 x 3 = ____ | 4 x 0 = ____ | 4 x 2 = ____ | 4 x 1 = ____ |
| 4 x 5 = ____ | 4 x 8 = ____ | 4 x 2 = ____ | 4 x 7 = ____ | 4 x 6 = ____ |
| 4 x 2 = ____ | 4 x 1 = ____ | 4 x 4 = ____ | 4 x 9 = ____ | 4 x 4 = ____ |

---

Date: Thursday_____    Score: _____ /25   Time: _____ Min. _____ Sec.

| | | | | |
|---|---|---|---|---|
| 4 x 1 = ____ | 4 x 5 = ____ | 4 x 1 = ____ | 4 x 5 = ____ | 4 x 1 = ____ |
| 4 x 6 = ____ | 4 x 3 = ____ | 4 x 6 = ____ | 4 x 3 = ____ | 4 x 6 = ____ |
| 4 x 9 = ____ | 4 x 8 = ____ | 4 x 9 = ____ | 4 x 8 = ____ | 4 x 9 = ____ |
| 4 x 2 = ____ | 4 x 4 = ____ | 4 x 2 = ____ | 4 x 4 = ____ | 4 x 2 = ____ |
| 4 x 7 = ____ | 4 x 0 = ____ | 4 x 7 = ____ | 4 x 0 = ____ | 4 x 7 = ____ |

---

Date: Friday_____    Score: _____ /25   Time: _____ Min. _____ Sec.

| | | | | |
|---|---|---|---|---|
| 4 x 0 = ____ | 4 x 2 = ____ | 4 x 0 = ____ | 4 x 2 = ____ | 4 x 0 = ____ |
| 4 x 1 = ____ | 4 x 6 = ____ | 4 x 3 = ____ | 4 x 6 = ____ | 4 x 3 = ____ |
| 4 x 8 = ____ | 4 x 4 = ____ | 4 x 8 = ____ | 4 x 4 = ____ | 4 x 8 = ____ |
| 4 x 7 = ____ | 4 x 1 = ____ | 4 x 5 = ____ | 4 x 1 = ____ | 4 x 7 = ____ |
| 4 x 9 = ____ | 4 x 5 = ____ | 4 x 9 = ____ | 4 x 5 = ____ | 4 x 9 = ____ |

---

# Home Practice Times Four Drills

**Name:** _____

| Monday | Tuesday | Wednesday | Thursday | Friday |
|--------|---------|-----------|----------|--------|
| 4 x 3 = ____ | 4 x 2 = ____ | 4 x 6 = ____ | 4 x 1 = ____ | 4 x 0 = ____ |
| 4 x 5 = ____ | 4 x 4 = ____ | 4 x 4 = ____ | 4 x 6 = ____ | 4 x 1 = ____ |
| 4 x 8 = ____ | 4 x 7 = ____ | 4 x 0 = ____ | 4 x 9 = ____ | 4 x 8 = ____ |
| 4 x 2 = ____ | 4 x 3 = ____ | 4 x 5 = ____ | 4 x 2 = ____ | 4 x 7 = ____ |
| 4 x 4 = ____ | 4 x 5 = ____ | 4 x 2 = ____ | 4 x 7 = ____ | 4 x 9 = ____ |
| 4 x 0 = ____ | 4 x 1 = ____ | 4 x 7 = ____ | 4 x 5 = ____ | 4 x 2 = ____ |
| 4 x 6 = ____ | 4 x 8 = ____ | 4 x 9 = ____ | 4 x 3 = ____ | 4 x 6 = ____ |
| 4 x 9 = ____ | 4 x 0 = ____ | 4 x 3 = ____ | 4 x 8 = ____ | 4 x 4 = ____ |
| 4 x 7 = ____ | 4 x 9 = ____ | 4 x 8 = ____ | 4 x 4 = ____ | 4 x 1 = ____ |
| 4 x 1 = ____ | 4 x 6 = ____ | 4 x 1 = ____ | 4 x 0 = ____ | 4 x 5 = ____ |
| 4 x 3 = ____ | 4 x 2 = ____ | 4 x 6 = ____ | 4 x 1 = ____ | 4 x 0 = ____ |
| 4 x 5 = ____ | 4 x 4 = ____ | 4 x 4 = ____ | 4 x 6 = ____ | 4 x 3 = ____ |
| 4 x 8 = ____ | 4 x 7 = ____ | 4 x 0 = ____ | 4 x 9 = ____ | 4 x 8 = ____ |
| 4 x 2 = ____ | 4 x 3 = ____ | 4 x 2 = ____ | 4 x 2 = ____ | 4 x 5 = ____ |
| 4 x 4 = ____ | 4 x 5 = ____ | 4 x 4 = ____ | 4 x 7 = ____ | 4 x 9 = ____ |
| 4 x 0 = ____ | 4 x 1 = ____ | 4 x 0 = ____ | 4 x 5 = ____ | 4 x 2 = ____ |
| 4 x 6 = ____ | 4 x 8 = ____ | 4 x 5 = ____ | 4 x 3 = ____ | 4 x 6 = ____ |
| 4 x 9 = ____ | 4 x 0 = ____ | 4 x 2 = ____ | 4 x 8 = ____ | 4 x 4 = ____ |
| 4 x 1 = ____ | 4 x 6 = ____ | 4 x 7 = ____ | 4 x 4 = ____ | 4 x 1 = ____ |
| 4 x 3 = ____ | 4 x 2 = ____ | 4 x 9 = ____ | 4 x 0 = ____ | 4 x 5 = ____ |
| 4 x 5 = ____ | 4 x 4 = ____ | 4 x 3 = ____ | 4 x 1 = ____ | 4 x 0 = ____ |
| 4 x 8 = ____ | 4 x 7 = ____ | 4 x 8 = ____ | 4 x 6 = ____ | 4 x 3 = ____ |
| 4 x 2 = ____ | 4 x 3 = ____ | 4 x 1 = ____ | 4 x 9 = ____ | 4 x 8 = ____ |
| 4 x 4 = ____ | 4 x 5 = ____ | 4 x 6 = ____ | 4 x 2 = ____ | 4 x 7 = ____ |
| 4 x 9 = ____ | 4 x 1 = ____ | 4 x 4 = ____ | 4 x 7 = ____ | 4 x 9 = ____ |
| Score: ____/25 <br> ____ Min. <br> ____ Sec. | Score: ____/25 <br> ____ Min. <br> ____ Sec. | Score: ____/25 <br> ____ Min. <br> ____ Sec. | Score: ____/25 <br> ____ Min. <br> ____ Sec. | Score: ____/25 <br> ____ Min. <br> ____ Sec. |

# Extra Practice Times Four Drills

Name: _____

| Day 1 | Day 2 | Day 3 | Day 4 | Day 5 |
|---|---|---|---|---|
| 4 x ___ = 12 | 4 x ___ = 8 | 4 x ___ = 24 | 4 x 1 = ___ | 4 x 0 = ___ |
| ___ x 5 = 20 | ___ x 4 = 16 | 4 x ___ = 16 | 4 x 6 = ___ | 4 x 8 = ___ |
| 4 x 8 = ___ | 4 x ___ = 28 | 4 x ___ = 0 | 4 x 9 = ___ | 4 x 1 = ___ |
| 4 x ___ = 8 | 4 x ___ = 12 | 4 x ___ = 20 | 4 x 2 = ___ | 4 x ___ = 28 |
| ___ x 4 = 16 | ___ x 5 = 20 | 4 x ___ = 8 | 4 x 7 = ___ | 4 x ___ = 36 |
| 4 x 0 = ___ | 4 x 1 = ___ | 4 x ___ = 28 | 4 x 5 = ___ | 4 x ___ = 8 |
| 4 x ___ = 24 | 4 x ___ = 32 | 4 x ___ = 36 | 4 x 3 = ___ | 4 x ___ = 24 |
| ___ x 9 = 36 | ___ x 0 = 0 | 4 x ___ = 12 | 4 x 8 = ___ | 4 x ___ = 16 |
| 4 x 7 = ___ | 4 x 9 = ___ | 4 x ___ = 32 | 4 x 4 = ___ | 4 x ___ = 4 |
| 4 x ___ = 4 | 4 x ___ = 24 | 4 x ___ = 4 | 4 x 0 = ___ | 4 x 5 = ___ |
| ___ x 3 = 12 | ___ x 2 = 8 | 4 x ___ = 24 | 4 x 1 = ___ | 4 x 0 = ___ |
| 4 x 5 = ___ | 4 x 4 = ___ | 4 x ___ = 16 | 4 x 6 = ___ | 4 x 3 = ___ |
| 4 x ___ = 32 | 4 x ___ = 28 | 4 x ___ = 0 | 4 x 9 = ___ | 4 x ___ = 32 |
| ___ x 2 = 8 | ___ x 3 = 12 | 4 x ___ = 8 | 4 x 2 = ___ | 4 x ___ = 20 |
| 4 x 4 = ___ | 4 x 5 = ___ | 4 x ___ = 16 | 4 x 7 = ___ | 4 x ___ = 36 |
| 4 x ___ = 4 | 4 x ___ = 4 | 4 x ___ = 4 | 4 x 5 = ___ | 4 x ___ = 8 |
| ___ x 6 = 24 | ___ x 8 = 32 | 4 x ___ = 20 | 4 x 3 = ___ | 4 x ___ = 24 |
| 4 x 9 = ___ | 4 x 0 = ___ | 4 x ___ = 8 | 4 x 8 = ___ | 4 x ___ = 16 |
| 4 x ___ = 12 | 4 x ___ = 24 | 4 x ___ = 28 | 4 x 4 = ___ | 4 x 1 = ___ |
| ___ x 1 = 4 | ___ x 2 = 8 | 4 x ___ = 36 | 4 x 0 = ___ | 4 x 5 = ___ |
| 4 x 5 = ___ | 4 x ___ = 12 | 4 x ___ = 12 | 4 x 1 = ___ | 4 x 0 = ___ |
| 4 x ___ = 32 | 4 x ___ = 4 | 4 x ___ = 32 | 4 x 6 = ___ | 4 x 3 = ___ |
| ___ x 2 = 8 | ___ x 5 = 20 | 4 x ___ = 4 | 4 x 9 = ___ | 4 x 8 = ___ |
| 4 x 4 = ___ | 4 x 4 = ___ | 4 x ___ = 24 | 4 x 2 = ___ | 4 x 7 = ___ |
| 4 x 9 = ___ | 4 x 7 = ___ | 4 x ___ = 16 | 4 x 7 = ___ | 4 x 9 = ___ |
| Score: ____/25 | Score: ____/25 | Score: ____/25 | Score: ____/25 | Score: ____/25 |
| _____ Min. | _____ Min. | _____ Min. | _____ Min. | _____ Min. |
| _____ Sec. | _____ Sec. | _____ Sec. | _____ Sec. | _____ Sec. |

# Times Four Review Test

Name: _____

| | | | | | | | | | |
|---|---|---|---|---|---|---|---|---|---|
| 3 <br> x 4 | 5 <br> x 4 | 8 <br> x 4 | 2 <br> x 4 | 4 <br> x 4 | 0 <br> x 4 | 6 <br> x 4 | 9 <br> x 4 | 7 <br> x 4 | 1 <br> x 4 |
| 3 <br> x 4 | 8 <br> x 4 | 2 <br> x 4 | 5 <br> x 4 | 0 <br> x 4 | 9 <br> x 4 | 4 <br> x 4 | 1 <br> x 4 | 3 <br> x 4 | 6 <br> x 4 |
| 5 <br> x 4 | 8 <br> x 4 | 4 <br> x 4 | 9 <br> x 4 | 2 <br> x 4 | 1 <br> x 4 | 7 <br> x 4 | 3 <br> x 4 | 5 <br> x 4 | 4 <br> x 4 |
| 1 <br> x 4 | 0 <br> x 4 | 6 <br> x 4 | 8 <br> x 4 | 4 <br> x 4 | 3 <br> x 4 | 9 <br> x 4 | 5 <br> x 4 | 7 <br> x 4 | 2 <br> x 4 |
| 8 <br> x 4 | 2 <br> x 4 | 4 <br> x 4 | 1 <br> x 4 | 7 <br> x 4 | 0 <br> x 4 | 3 <br> x 4 | 6 <br> x 4 | 5 <br> x 4 | 1 <br> x 4 |
| 6 <br> x 4 | 4 <br> x 4 | 8 <br> x 4 | 6 <br> x 4 | 0 <br> x 4 | 1 <br> x 4 | 2 <br> x 4 | 7 <br> x 4 | 3 <br> x 4 | 5 <br> x 4 |
| 0 <br> x 4 | 5 <br> x 4 | 2 <br> x 4 | 7 <br> x 4 | 4 <br> x 4 | 9 <br> x 4 | 3 <br> x 4 | 8 <br> x 4 | 1 <br> x 4 | 6 <br> x 4 |
| 4 <br> x 4 | 0 <br> x 4 | 2 <br> x 4 | 5 <br> x 4 | 2 <br> x 4 | 7 <br> x 4 | 9 <br> x 4 | 3 <br> x 4 | 8 <br> x 4 | 1 <br> x 4 |
| 6 <br> x 4 | 4 <br> x 4 | 1 <br> x 4 | 5 <br> x 4 | 7 <br> x 4 | 9 <br> x 4 | 2 <br> x 4 | 3 <br> x 4 | 5 <br> x 4 | 0 <br> x 4 |
| 8 <br> x 4 | 0 <br> x 4 | 6 <br> x 4 | 9 <br> x 4 | 2 <br> x 4 | 7 <br> x 4 | 5 <br> x 4 | 3 <br> x 4 | 8 <br> x 4 | 4 <br> x 4 |

Date: _____    Score: _____ /100   Time: _____ Min. _____ Sec.

OTM-1141 • SSK1-41 Timed Multiplication Facts

# Times Five Drills

**Name:** _____

---

**Date: Monday** _____ Score: _____ /25 Time: _____ Min. _____ Sec.

| | | | | |
|---|---|---|---|---|
| 5 x 3 = ____ | 5 x 0 = ____ | 5 x 3 = ____ | 5 x 0 = ____ | 5 x 5 = ____ |
| 5 x 5 = ____ | 5 x 6 = ____ | 5 x 5 = ____ | 5 x 6 = ____ | 5 x 8 = ____ |
| 5 x 8 = ____ | 5 x 9 = ____ | 5 x 8 = ____ | 5 x 9 = ____ | 5 x 2 = ____ |
| 5 x 2 = ____ | 5 x 7 = ____ | 5 x 2 = ____ | 5 x 1 = ____ | 5 x 4 = ____ |
| 5 x 4 = ____ | 5 x 1 = ____ | 5 x 4 = ____ | 5 x 3 = ____ | 5 x 9 = ____ |

---

**Date: Tuesday** _____ Score: _____ /25 Time: _____ Min. _____ Sec.

| | | | | |
|---|---|---|---|---|
| 5 x 2 = ____ | 5 x 1 = ____ | 5 x 2 = ____ | 5 x 1 = ____ | 5 x 4 = ____ |
| 5 x 4 = ____ | 5 x 8 = ____ | 5 x 4 = ____ | 5 x 8 = ____ | 5 x 7 = ____ |
| 5 x 7 = ____ | 5 x 0 = ____ | 5 x 7 = ____ | 5 x 0 = ____ | 5 x 3 = ____ |
| 5 x 3 = ____ | 5 x 9 = ____ | 5 x 3 = ____ | 5 x 6 = ____ | 5 x 5 = ____ |
| 5 x 5 = ____ | 5 x 6 = ____ | 5 x 5 = ____ | 5 x 2 = ____ | 5 x 1 = ____ |

---

**Date: Wednesday** _____ Score: _____ /25 Time: _____ Min. _____ Sec.

| | | | | |
|---|---|---|---|---|
| 5 x 6 = ____ | 5 x 7 = ____ | 5 x 6 = ____ | 5 x 0 = ____ | 5 x 3 = ____ |
| 5 x 4 = ____ | 5 x 9 = ____ | 5 x 4 = ____ | 5 x 5 = ____ | 5 x 8 = ____ |
| 5 x 0 = ____ | 5 x 3 = ____ | 5 x 0 = ____ | 5 x 2 = ____ | 5 x 1 = ____ |
| 5 x 5 = ____ | 5 x 8 = ____ | 5 x 2 = ____ | 5 x 7 = ____ | 5 x 6 = ____ |
| 5 x 2 = ____ | 5 x 1 = ____ | 5 x 4 = ____ | 5 x 9 = ____ | 5 x 4 = ____ |

---

**Date: Thursday** _____ Score: _____ /25 Time: _____ Min. _____ Sec.

| | | | | |
|---|---|---|---|---|
| 5 x 1 = ____ | 5 x 5 = ____ | 5 x 1 = ____ | 5 x 5 = ____ | 5 x 1 = ____ |
| 5 x 6 = ____ | 5 x 3 = ____ | 5 x 6 = ____ | 5 x 3 = ____ | 5 x 6 = ____ |
| 5 x 9 = ____ | 5 x 8 = ____ | 5 x 9 = ____ | 5 x 8 = ____ | 5 x 9 = ____ |
| 5 x 2 = ____ | 5 x 4 = ____ | 5 x 2 = ____ | 5 x 4 = ____ | 5 x 2 = ____ |
| 5 x 7 = ____ | 5 x 0 = ____ | 5 x 7 = ____ | 5 x 0 = ____ | 5 x 7 = ____ |

---

**Date: Friday** _____ Score: _____ /25 Time: _____ Min. _____ Sec.

| | | | | |
|---|---|---|---|---|
| 5 x 0 = ____ | 5 x 2 = ____ | 5 x 0 = ____ | 5 x 2 = ____ | 5 x 0 = ____ |
| 5 x 1 = ____ | 5 x 6 = ____ | 5 x 3 = ____ | 5 x 6 = ____ | 5 x 3 = ____ |
| 5 x 8 = ____ | 5 x 4 = ____ | 5 x 8 = ____ | 5 x 4 = ____ | 5 x 8 = ____ |
| 5 x 7 = ____ | 5 x 1 = ____ | 5 x 5 = ____ | 5 x 1 = ____ | 5 x 7 = ____ |
| 5 x 9 = ____ | 5 x 5 = ____ | 5 x 9 = ____ | 5 x 5 = ____ | 5 x 9 = ____ |

---

# Home Practice Times Five Drills

Name: _____

| Monday | Tuesday | Wednesday | Thursday | Friday |
|--------|---------|-----------|----------|--------|
| 5 x 0 = ____ | 5 x 3 = ____ | 5 x 1 = ____ | 5 x 6 = ____ | 5 x 2 = ____ |
| 5 x 1 = ____ | 5 x 5 = ____ | 5 x 6 = ____ | 5 x 4 = ____ | 5 x 4 = ____ |
| 5 x 8 = ____ | 5 x 8 = ____ | 5 x 9 = ____ | 5 x 0 = ____ | 5 x 7 = ____ |
| 5 x 7 = ____ | 5 x 2 = ____ | 5 x 2 = ____ | 5 x 5 = ____ | 5 x 3 = ____ |
| 5 x 9 = ____ | 5 x 4 = ____ | 5 x 7 = ____ | 5 x 2 = ____ | 5 x 5 = ____ |
| 5 x 2 = ____ | 5 x 0 = ____ | 5 x 5 = ____ | 5 x 7 = ____ | 5 x 1 = ____ |
| 5 x 6 = ____ | 5 x 6 = ____ | 5 x 8 = ____ | 5 x 9 = ____ | 5 x 8 = ____ |
| 5 x 4 = ____ | 5 x 9 = ____ | 5 x 4 = ____ | 5 x 3 = ____ | 5 x 0 = ____ |
| 5 x 1 = ____ | 5 x 7 = ____ | 5 x 0 = ____ | 5 x 8 = ____ | 5 x 9 = ____ |
| 5 x 5 = ____ | 5 x 1 = ____ | 5 x 3 = ____ | 5 x 1 = ____ | 5 x 6 = ____ |
| 5 x 0 = ____ | 5 x 3 = ____ | 5 x 2 = ____ | 5 x 6 = ____ | 5 x 2 = ____ |
| 5 x 3 = ____ | 5 x 5 = ____ | 5 x 7 = ____ | 5 x 4 = ____ | 5 x 4 = ____ |
| 5 x 8 = ____ | 5 x 8 = ____ | 5 x 5 = ____ | 5 x 0 = ____ | 5 x 7 = ____ |
| 5 x 5 = ____ | 5 x 2 = ____ | 5 x 3 = ____ | 5 x 2 = ____ | 5 x 3 = ____ |
| 5 x 9 = ____ | 5 x 4 = ____ | 5 x 8 = ____ | 5 x 4 = ____ | 5 x 5 = ____ |
| 5 x 2 = ____ | 5 x 0 = ____ | 5 x 4 = ____ | 5 x 0 = ____ | 5 x 1 = ____ |
| 5 x 6 = ____ | 5 x 6 = ____ | 5 x 0 = ____ | 5 x 5 = ____ | 5 x 8 = ____ |
| 5 x 4 = ____ | 5 x 9 = ____ | 5 x 1 = ____ | 5 x 2 = ____ | 5 x 0 = ____ |
| 5 x 1 = ____ | 5 x 1 = ____ | 5 x 6 = ____ | 5 x 7 = ____ | 5 x 6 = ____ |
| 5 x 5 = ____ | 5 x 3 = ____ | 5 x 9 = ____ | 5 x 9 = ____ | 5 x 2 = ____ |
| 5 x 0 = ____ | 5 x 5 = ____ | 5 x 2 = ____ | 5 x 3 = ____ | 5 x 4 = ____ |
| 5 x 3 = ____ | 5 x 8 = ____ | 5 x 8 = ____ | 5 x 8 = ____ | 5 x 7 = ____ |
| 5 x 8 = ____ | 5 x 2 = ____ | 5 x 3 = ____ | 5 x 1 = ____ | 5 x 3 = ____ |
| 5 x 7 = ____ | 5 x 4 = ____ | 5 x 4 = ____ | 5 x 6 = ____ | 5 x 5 = ____ |
| 5 x 9 = ____ | 5 x 9 = ____ | 5 x 7 = ____ | 5 x 4 = ____ | 5 x 1 = ____ |
| **Score: ____ /25** | **Score: ____ /25** | **Score: ____ /25** | **Score: ____ /25** | **Score: ____ /25** |
| ____ Min. | ____ Min. | ____ Min. | ____ Min. | ____ Min. |
| ____ Sec. | ____ Sec. | ____ Sec. | ____ Sec. | ____ Sec. |

# Extra Practice Times Five Drills

Name: _____

| Day 1 | Day 2 | Day 3 | Day 4 | Day 5 |
|-------|-------|-------|-------|-------|
| 5 x ___ = 15 | 5 x ___ = 10 | 5 x ___ = 30 | 5 x 1 = ___ | 5 x 0 = ___ |
| ___ x 5 = 25 | ___ x 4 = 20 | 5 x ___ = 20 | 5 x 6 = ___ | 5 x 1 = ___ |
| 5 x 8 = ___ | 5 x ___ = 40 | 5 x ___ = 0 | 5 x 9 = ___ | 5 x 8 = ___ |
| 5 x ___ = 10 | 5 x ___ = 15 | 5 x ___ = 25 | 5 x 2 = ___ | 5 x ___ = 35 |
| ___ x 4 = 20 | ___ x 5 = 25 | 5 x ___ = 10 | 5 x 7 = ___ | 5 x ___ = 45 |
| 5 x 0 = ___ | 5 x 1 = ___ | 5 x ___ = 35 | 5 x 5 = ___ | 5 x ___ = 10 |
| 5 x ___ = 30 | 5 x ___ = 30 | 5 x ___ = 45 | 5 x 3 = ___ | 5 x 1 = ___ |
| 5 x 9 = ___ | ___ x 2 = 10 | 5 x ___ = 15 | 5 x 8 = ___ | 5 x 5 = ___ |
| 5 x 7 = ___ | 5 x ___ = 0 | 5 x ___ = 40 | 5 x 4 = ___ | 5 x 0 = ___ |
| 5 x ___ = 5 | 5 x ___ = 35 | 5 x ___ = 5 | 5 x 0 = ___ | 5 x ___ = 20 |
| ___ x 3 = 15 | ___ x 8 = 40 | 5 x ___ = 30 | 5 x 1 = ___ | 5 x ___ = 15 |
| 5 x 5 = ___ | 5 x 3 = ___ | 5 x ___ = 20 | 5 x 6 = ___ | 5 x ___ = 40 |
| 5 x ___ = 40 | 5 x ___ = 5 | 5 x ___ = 0 | 5 x 9 = ___ | 5 x 4 = ___ |
| ___ x 2 = 10 | ___ x 6 = 30 | 5 x ___ = 10 | 5 x 2 = ___ | 5 x 1 = ___ |
| 5 x 4 = ___ | 5 x ___ = 15 | 5 x ___ = 40 | 5 x 7 = ___ | 5 x 5 = ___ |
| 5 x ___ = 0 | 5 x ___ = 25 | 5 x ___ = 25 | 5 x 5 = ___ | 5 x ___ = 25 |
| ___ x 6 = 30 | ___ x 2 = 10 | 5 x ___ = 15 | 5 x 3 = ___ | 5 x ___ = 45 |
| 5 x 7 = ___ | 5 x 7 = ___ | 5 x ___ = 35 | 5 x 8 = ___ | 5 x ___ = 0 |
| 5 x ___ = 45 | 5 x ___ = 20 | 5 x ___ = 45 | 5 x 4 = ___ | 5 x 6 = ___ |
| ___ x 1 = 5 | ___ x 9 = 45 | 5 x ___ = 15 | 5 x 0 = ___ | 5 x 9 = ___ |
| 5 x 3 = ___ | 5 x ___ = 30 | 5 x ___ = 40 | 5 x 1 = ___ | 5 x 4 = ___ |
| 5 x ___ = 25 | 5 x ___ = 40 | 5 x ___ = 5 | 5 x 6 = ___ | 5 x ___ = 40 |
| ___ x 8 = 40 | ___ x 3 = 15 | 5 x ___ = 30 | 5 x 9 = ___ | 5 x ___ = 35 |
| 5 x 2 = ___ | 5 x 5 = ___ | 5 x ___ = 20 | 5 x 2 = ___ | 5 x ___ = 15 |
| 5 x 9 = ___ | 5 x 7 = ___ | 5 x ___ = 25 | 5 x 7 = ___ | 5 x ___ = 5 |
| Score: ____/25 | Score: ____/25 | Score: ____/25 | Score: ____/25 | Score: ____/25 |
| ____ Min. | ____ Min. | ____ Min. | ____ Min. | ____ Min. |
| ____ Sec. | ____ Sec. | ____ Sec. | ____ Sec. | ____ Sec. |

# Times Five Review Test

Name: _____

| | | | | | | | | | |
|---|---|---|---|---|---|---|---|---|---|
| 3<br>x 5 | 5<br>x 5 | 8<br>x 5 | 2<br>x 5 | 4<br>x 5 | 0<br>x 5 | 6<br>x 5 | 9<br>x 5 | 7<br>x 5 | 1<br>x 5 |
| 3<br>x 5 | 8<br>x 5 | 4<br>x 5 | 5<br>x 5 | 6<br>x 5 | 2<br>x 5 | 1<br>x 5 | 3<br>x 5 | 8<br>x 5 | 0<br>x 5 |
| 2<br>x 5 | 4<br>x 5 | 2<br>x 5 | 7<br>x 5 | 9<br>x 5 | 3<br>x 5 | 4<br>x 5 | 5<br>x 5 | 1<br>x 5 | 9<br>x 5 |
| 5<br>x 5 | 1<br>x 5 | 8<br>x 5 | 0<br>x 5 | 6<br>x 5 | 2<br>x 5 | 7<br>x 5 | 9<br>x 5 | 3<br>x 5 | 4<br>x 5 |
| 0<br>x 5 | 6<br>x 5 | 5<br>x 5 | 4<br>x 5 | 7<br>x 5 | 1<br>x 5 | 3<br>x 5 | 5<br>x 5 | 2<br>x 5 | 8<br>x 5 |
| 1<br>x 5 | 4<br>x 5 | 2<br>x 5 | 6<br>x 5 | 9<br>x 5 | 0<br>x 5 | 8<br>x 5 | 3<br>x 5 | 7<br>x 5 | 5<br>x 5 |
| 6<br>x 5 | 9<br>x 5 | 7<br>x 5 | 1<br>x 5 | 3<br>x 5 | 4<br>x 5 | 5<br>x 5 | 1<br>x 5 | 2<br>x 5 | 8<br>x 5 |
| 4<br>x 5 | 0<br>x 5 | 1<br>x 5 | 9<br>x 5 | 6<br>x 5 | 2<br>x 5 | 7<br>x 5 | 5<br>x 5 | 3<br>x 5 | 6<br>x 5 |
| 8<br>x 5 | 4<br>x 5 | 0<br>x 5 | 1<br>x 5 | 2<br>x 5 | 0<br>x 5 | 9<br>x 5 | 1<br>x 5 | 6<br>x 5 | 7<br>x 5 |
| 7<br>x 5 | 9<br>x 5 | 2<br>x 5 | 6<br>x 5 | 8<br>x 5 | 4<br>x 5 | 1<br>x 5 | 5<br>x 5 | 0<br>x 5 | 3<br>x 5 |

Date: _____     Score: _____ /100   Time: _____ Min. _____ Sec.

# Timed Drill Review for Zero to Five Times Tables

Name: _____

| Row 1 | Row 2 | Row 3 | Row 4 |
|---|---|---|---|
| 3 x 2 = _____ | 2 x 3 = _____ | 5 x 1 = _____ | 4 x 6 = _____ |
| 4 x 4 = _____ | 3 x 5 = _____ | 2 x 6 = _____ | 5 x 4 = _____ |
| 5 x 7 = _____ | 4 x 8 = _____ | 3 x 9 = _____ | 2 x 0 = _____ |
| 2 x 3 = _____ | 5 x 2 = _____ | 4 x 2 = _____ | 3 x 5 = _____ |
| 3 x 5 = _____ | 2 x 4 = _____ | 5 x 7 = _____ | 4 x 2 = _____ |
| 4 x 1 = _____ | 3 x 0 = _____ | 2 x 5 = _____ | 5 x 7 = _____ |
| 5 x 8 = _____ | 4 x 6 = _____ | 3 x 3 = _____ | 2 x 9 = _____ |
| 2 x 0 = _____ | 5 x 9 = _____ | 4 x 8 = _____ | 3 x 3 = _____ |
| 3 x 9 = _____ | 2 x 7 = _____ | 5 x 4 = _____ | 4 x 8 = _____ |
| 4 x 6 = _____ | 3 x 1 = _____ | 2 x 0 = _____ | 5 x 1 = _____ |
| 5 x 2 = _____ | 4 x 3 = _____ | 3 x 1 = _____ | 2 x 6 = _____ |
| 2 x 4 = _____ | 5 x 5 = _____ | 4 x 6 = _____ | 3 x 4 = _____ |
| 3 x 7 = _____ | 2 x 8 = _____ | 5 x 9 = _____ | 4 x 0 = _____ |
| 4 x 3 = _____ | 3 x 2 = _____ | 2 x 2 = _____ | 5 x 2 = _____ |
| 5 x 5 = _____ | 4 x 4 = _____ | 3 x 7 = _____ | 2 x 4 = _____ |
| 2 x 1 = _____ | 5 x 0 = _____ | 4 x 5 = _____ | 3 x 0 = _____ |
| 3 x 8 = _____ | 2 x 6 = _____ | 5 x 3 = _____ | 4 x 5 = _____ |
| 4 x 0 = _____ | 3 x 9 = _____ | 2 x 8 = _____ | 5 x 2 = _____ |
| 5 x 6 = _____ | 4 x 1 = _____ | 3 x 4 = _____ | 2 x 7 = _____ |
| 2 x 2 = _____ | 5 x 3 = _____ | 4 x 0 = _____ | 3 x 9 = _____ |
| 3 x 4 = _____ | 2 x 5 = _____ | 5 x 1 = _____ | 4 x 3 = _____ |
| 4 x 7 = _____ | 3 x 8 = _____ | 2 x 6 = _____ | 5 x 8 = _____ |
| 5 x 2 = _____ | 4 x 2 = _____ | 3 x 9 = _____ | 2 x 1 = _____ |
| 2 x 5 = _____ | 5 x 4 = _____ | 4 x 2 = _____ | 3 x 6 = _____ |
| 3 x 1 = _____ | 2 x 9 = _____ | 5 x 7 = _____ | 4 x 4 = _____ |

Date: _____  Score: _____/100  Time: _____ Min. _____ Sec.

OTM-1141 • SSK1-41 Timed Multiplication Facts

# Timed Drill Review for Zero to Five Times Tables

Name: _____

| | | | | | | | | | |
|---|---|---|---|---|---|---|---|---|---|
| 3<br>x 2 | 3<br>x 5 | 8<br>x 4 | 2<br>x 5 | 4<br>x 2 | 3<br>x 0 | 6<br>x 4 | 9<br>x 5 | 7<br>x 2 | 1<br>x 3 |
| 3<br>x 4 | 5<br>x 5 | 8<br>x 2 | 3<br>x 2 | 4<br>x 4 | 0<br>x 5 | 6<br>x 2 | 9<br>x 3 | 1<br>x 4 | 3<br>x 5 |
| 5<br>x 2 | 8<br>x 3 | 4<br>x 2 | 2<br>x 4 | 4<br>x 5 | 9<br>x 2 | 2<br>x 3 | 4<br>x 4 | 7<br>x 5 | 3<br>x 2 |
| 5<br>x 3 | 1<br>x 4 | 8<br>x 5 | 0<br>x 2 | 9<br>x 3 | 6<br>x 4 | 2<br>x 5 | 2<br>x 4 | 7<br>x 3 | 3<br>x 4 |
| 5<br>x 5 | 1<br>x 2 | 8<br>x 3 | 0<br>x 4 | 6<br>x 5 | 2<br>x 2 | 4<br>x 3 | 7<br>x 4 | 3<br>x 5 | 5<br>x 2 |
| 1<br>x 3 | 6<br>x 4 | 4<br>x 5 | 0<br>x 2 | 5<br>x 3 | 2<br>x 4 | 5<br>x 7 | 9<br>x 2 | 3<br>x 3 | 8<br>x 4 |
| 1<br>x 5 | 6<br>x 2 | 4<br>x 3 | 0<br>x 4 | 2<br>x 5 | 4<br>x 2 | 0<br>x 3 | 5<br>x 4 | 2<br>x 5 | 7<br>x 2 |
| 9<br>x 2 | 3<br>x 4 | 8<br>x 5 | 1<br>x 2 | 6<br>x 3 | 4<br>x 4 | 1<br>x 5 | 6<br>x 2 | 9<br>x 3 | 2<br>x 4 |
| 7<br>x 5 | 5<br>x 2 | 3<br>x 3 | 8<br>x 4 | 4<br>x 5 | 0<br>x 2 | 1<br>x 3 | 4<br>x 6 | 9<br>x 5 | 2<br>x 2 |
| 7<br>x 3 | 5<br>x 4 | 5<br>x 3 | 8<br>x 2 | 4<br>x 3 | 0<br>x 4 | 1<br>x 5 | 6<br>x 2 | 9<br>x 3 | 4<br>x 2 |

Date: _____ Score: _____ /100  Time: _____ Min. _____ Sec.

# Times Six Drills

Name: _____

---

**Date: Monday** _____ Score: _____ /25  Time: _____ Min. _____ Sec.

| | | | | |
|---|---|---|---|---|
| 6 x 3 = ____ | 6 x 0 = ____ | 6 x 2 = ____ | 6 x 1 = ____ | 6 x 5 = ____ |
| 6 x 5 = ____ | 6 x 6 = ____ | 6 x 4 = ____ | 6 x 0 = ____ | 6 x 3 = ____ |
| 6 x 8 = ____ | 6 x 9 = ____ | 6 x 9 = ____ | 6 x 5 = ____ | 6 x 4 = ____ |
| 6 x 2 = ____ | 6 x 7 = ____ | 6 x 3 = ____ | 6 x 2 = ____ | 6 x 7 = ____ |
| 6 x 4 = ____ | 6 x 1 = ____ | 6 x 5 = ____ | 6 x 8 = ____ | 6 x 2 = ____ |

---

**Date: Tuesday** _____ Score: _____ /25  Time: _____ Min. _____ Sec.

| | | | | |
|---|---|---|---|---|
| 6 x 2 = ____ | 6 x 1 = ____ | 6 x 2 = ____ | 6 x 1 = ____ | 6 x 4 = ____ |
| 6 x 4 = ____ | 6 x 8 = ____ | 6 x 4 = ____ | 6 x 8 = ____ | 6 x 7 = ____ |
| 6 x 7 = ____ | 6 x 0 = ____ | 6 x 7 = ____ | 6 x 0 = ____ | 6 x 3 = ____ |
| 6 x 3 = ____ | 6 x 9 = ____ | 6 x 3 = ____ | 6 x 6 = ____ | 6 x 5 = ____ |
| 6 x 5 = ____ | 6 x 6 = ____ | 6 x 5 = ____ | 6 x 2 = ____ | 6 x 1 = ____ |

---

**Date: Wednesday** _____ Score: _____ /25  Time: _____ Min. _____ Sec.

| | | | | |
|---|---|---|---|---|
| 6 x 6 = ____ | 6 x 7 = ____ | 6 x 2 = ____ | 6 x 7 = ____ | 6 x 2 = ____ |
| 6 x 4 = ____ | 6 x 9 = ____ | 6 x 4 = ____ | 6 x 9 = ____ | 6 x 5 = ____ |
| 6 x 0 = ____ | 6 x 3 = ____ | 6 x 5 = ____ | 6 x 8 = ____ | 6 x 6 = ____ |
| 6 x 5 = ____ | 6 x 8 = ____ | 6 x 0 = ____ | 6 x 3 = ____ | 6 x 8 = ____ |
| 6 x 2 = ____ | 6 x 1 = ____ | 6 x 6 = ____ | 6 x 1 = ____ | 6 x 4 = ____ |

---

**Date: Thursday** _____ Score: _____ /25  Time: _____ Min. _____ Sec.

| | | | | |
|---|---|---|---|---|
| 6 x 1 = ____ | 6 x 5 = ____ | 6 x 2 = ____ | 6 x 4 = ____ | 6 x 1 = ____ |
| 6 x 6 = ____ | 6 x 3 = ____ | 6 x 7 = ____ | 6 x 3 = ____ | 6 x 9 = ____ |
| 6 x 9 = ____ | 6 x 8 = ____ | 6 x 1 = ____ | 6 x 8 = ____ | 6 x 2 = ____ |
| 6 x 2 = ____ | 6 x 4 = ____ | 6 x 6 = ____ | 6 x 0 = ____ | 6 x 5 = ____ |
| 6 x 7 = ____ | 6 x 0 = ____ | 6 x 9 = ____ | 6 x 7 = ____ | 6 x 2 = ____ |

---

**Date: Friday** _____ Score: _____ /25  Time: _____ Min. _____ Sec.

| | | | | |
|---|---|---|---|---|
| 6 x 0 = ____ | 6 x 2 = ____ | 6 x 1 = ____ | 6 x 5 = ____ | 6 x 3 = ____ |
| 6 x 1 = ____ | 6 x 6 = ____ | 6 x 3 = ____ | 6 x 1 = ____ | 6 x 8 = ____ |
| 6 x 8 = ____ | 6 x 4 = ____ | 6 x 8 = ____ | 6 x 6 = ____ | 6 x 7 = ____ |
| 6 x 7 = ____ | 6 x 1 = ____ | 6 x 5 = ____ | 6 x 2 = ____ | 6 x 0 = ____ |
| 6 x 9 = ____ | 6 x 5 = ____ | 6 x 9 = ____ | 6 x 4 = ____ | 6 x 9 = ____ |

---

# Home Practice Times Six Drills

Name: _____

| Monday | Tuesday | Wednesday | Thursday | Friday |
|--------|---------|-----------|----------|--------|
| 6 x 3 = ____ | 6 x 4 = ____ | 6 x 1 = ____ | 6 x 6 = ____ | 6 x 0 = ____ |
| 6 x 5 = ____ | 6 x 2 = ____ | 6 x 6 = ____ | 6 x 4 = ____ | 6 x 1 = ____ |
| 6 x 8 = ____ | 6 x 7 = ____ | 6 x 7 = ____ | 6 x 0 = ____ | 6 x 8 = ____ |
| 6 x 2 = ____ | 6 x 3 = ____ | 6 x 9 = ____ | 6 x 5 = ____ | 6 x 7 = ____ |
| 6 x 4 = ____ | 6 x 1 = ____ | 6 x 2 = ____ | 6 x 2 = ____ | 6 x 9 = ____ |
| 6 x 0 = ____ | 6 x 5 = ____ | 6 x 5 = ____ | 6 x 7 = ____ | 6 x 2 = ____ |
| 6 x 6 = ____ | 6 x 0 = ____ | 6 x 8 = ____ | 6 x 9 = ____ | 6 x 6 = ____ |
| 6 x 9 = ____ | 6 x 6 = ____ | 6 x 3 = ____ | 6 x 3 = ____ | 6 x 4 = ____ |
| 6 x 7 = ____ | 6 x 9 = ____ | 6 x 0 = ____ | 6 x 8 = ____ | 6 x 1 = ____ |
| 6 x 1 = ____ | 6 x 4 = ____ | 6 x 4 = ____ | 6 x 1 = ____ | 6 x 5 = ____ |
| 6 x 3 = ____ | 6 x 2 = ____ | 6 x 1 = ____ | 6 x 6 = ____ | 6 x 0 = ____ |
| 6 x 5 = ____ | 6 x 3 = ____ | 6 x 9 = ____ | 6 x 4 = ____ | 6 x 3 = ____ |
| 6 x 8 = ____ | 6 x 7 = ____ | 6 x 6 = ____ | 6 x 0 = ____ | 6 x 8 = ____ |
| 6 x 2 = ____ | 6 x 1 = ____ | 6 x 2 = ____ | 6 x 2 = ____ | 6 x 5 = ____ |
| 6 x 4 = ____ | 6 x 5 = ____ | 6 x 7 = ____ | 6 x 5 = ____ | 6 x 4 = ____ |
| 6 x 0 = ____ | 6 x 0 = ____ | 6 x 5 = ____ | 6 x 2 = ____ | 6 x 1 = ____ |
| 6 x 9 = ____ | 6 x 8 = ____ | 6 x 3 = ____ | 6 x 7 = ____ | 6 x 9 = ____ |
| 6 x 6 = ____ | 6 x 4 = ____ | 6 x 8 = ____ | 6 x 9 = ____ | 6 x 7 = ____ |
| 6 x 1 = ____ | 6 x 2 = ____ | 6 x 4 = ____ | 6 x 3 = ____ | 6 x 3 = ____ |
| 6 x 3 = ____ | 6 x 7 = ____ | 6 x 0 = ____ | 6 x 8 = ____ | 6 x 2 = ____ |
| 6 x 5 = ____ | 6 x 3 = ____ | 6 x 1 = ____ | 6 x 1 = ____ | 6 x 0 = ____ |
| 6 x 8 = ____ | 6 x 5 = ____ | 6 x 6 = ____ | 6 x 6 = ____ | 6 x 5 = ____ |
| 6 x 4 = ____ | 6 x 1 = ____ | 6 x 2 = ____ | 6 x 4 = ____ | 6 x 8 = ____ |
| 6 x 2 = ____ | 6 x 6 = ____ | 6 x 7 = ____ | 6 x 2 = ____ | 6 x 7 = ____ |
| 6 x 9 = ____ | 6 x 2 = ____ | 6 x 8 = ____ | 6 x 0 = ____ | 6 x 4 = ____ |
| Score: ____/25 ____ Min. ____ Sec. | Score: ____/25 ____ Min. ____ Sec. | Score: ____/25 ____ Min. ____ Sec. | Score: ____/25 ____ Min. ____ Sec. | Score: ____/25 ____ Min. ____ Sec. |

# Extra Practice Times Six Drills

Name: _____

| Day 1 | Day 2 | Day 3 | Day 4 | Day 5 |
|---|---|---|---|---|
| 6 x ___ = 0 | 6 x ___ = 36 | 6 x ___ = 6 | 6 x 2 = ___ | 6 x 3 = ___ |
| ___ x 1 = 6 | ___ x 4 = 24 | 6 x ___ = 36 | 6 x 4 = ___ | 6 x 5 = ___ |
| 6 x 8 = ___ | 6 x ___ = 0 | 6 x ___ = 54 | 6 x 7 = ___ | 6 x 8 = ___ |
| 6 x ___ = 42 | 6 x ___ = 30 | 6 x ___ = 12 | 6 x 3 = ___ | 6 x ___ = 12 |
| ___ x 9 = 54 | ___ x 2 = 12 | 6 x ___ = 42 | 6 x 5 = ___ | 6 x ___ = 24 |
| 6 x 2 = ___ | 6 x 7 = ___ | 6 x ___ = 30 | 6 x 1 = ___ | 6 x ___ = 0 |
| 6 x ___ = 36 | 6 x ___ = 54 | 6 x ___ = 18 | 6 x 8 = ___ | 6 x ___ = 36 |
| ___ x 4 = 24 | ___ x 3 = 18 | 6 x ___ = 48 | 6 x 0 = ___ | 6 x ___ = 54 |
| 6 x 1 = ___ | 6 x ___ = 36 | 6 x ___ = 24 | 6 x 9 = ___ | 6 x ___ = 42 |
| 6 x ___ = 30 | 6 x ___ = 24 | 6 x ___ = 0 | 6 x 6 = ___ | 6 x 5 = ___ |
| ___ x 0 = 0 | ___ x 8 = 48 | 6 x ___ = 6 | 6 x 2 = ___ | 6 x 3 = ___ |
| 6 x 3 = ___ | 6 x 6 = ___ | 6 x ___ = 36 | 6 x 4 = ___ | 6 x ___ = 6 |
| 6 x ___ = 48 | 6 x ___ = 42 | 6 x ___ = 54 | 6 x 7 = ___ | 6 x ___ = 48 |
| ___ x 5 = 30 | ___ x 0 = 0 | 6 x ___ = 12 | 6 x 3 = ___ | 6 x ___ = 12 |
| 6 x 6 = ___ | 6 x ___ = 30 | 6 x ___ = 30 | 6 x 5 = ___ | 6 x ___ = 0 |
| 6 x ___ = 12 | 6 x ___ = 18 | 6 x ___ = 18 | 6 x 1 = ___ | 6 x ___ = 24 |
| ___ x 4 = 24 | ___ x 2 = 12 | 6 x ___ = 48 | 6 x 8 = ___ | 6 x ___ = 36 |
| 6 x 7 = ___ | 6 x 5 = ___ | 6 x ___ = 24 | 6 x 3 = ___ | 6 x ___ = 54 |
| 6 x ___ = 18 | 6 x ___ = 48 | 6 x ___ = 42 | 6 x 6 = ___ | 6 x 5 = ___ |
| ___ x 8 = 48 | ___ x 7 = 42 | 6 x ___ = 0 | 6 x 4 = ___ | 6 x 3 = ___ |
| 6 x 2 = ___ | 6 x ___ = 6 | 6 x ___ = 36 | 6 x 2 = ___ | 6 x 2 = ___ |
| 6 x ___ = 42 | 6 x ___ = 0 | 6 x ___ = 6 | 6 x 3 = ___ | 6 x ___ = 42 |
| ___ x 3 = 18 | ___ x 8 = 48 | 6 x ___ = 12 | 6 x 7 = ___ | 6 x ___ = 12 |
| 6 x 9 = ___ | 6 x 1 = ___ | 6 x ___ = 54 | 6 x 1 = ___ | 6 x ___ = 24 |
| 6 x 7 = ___ | 6 x 5 = ___ | 6 x ___ = 24 | 6 x 5 = ___ | 6 x ___ = 54 |
| Score: _____ /25 | Score: _____ /25 | Score: _____ /25 | Score: _____ /25 | Score: _____ /25 |
| _____ Min. | _____ Min. | _____ Min. | _____ Min. | _____ Min. |
| _____ Sec. | _____ Sec. | _____ Sec. | _____ Sec. | _____ Sec. |

# Times Six Review Test

Name: _____

| | | | | | | | | | |
|---|---|---|---|---|---|---|---|---|---|
| 2<br>x 6 | 4<br>x 6 | 7<br>x 6 | 3<br>x 6 | 5<br>x 6 | 1<br>x 6 | 8<br>x 6 | 0<br>x 6 | 9<br>x 6 | 6<br>x 6 |
| 4<br>x 6 | 3<br>x 6 | 5<br>x 6 | 2<br>x 6 | 8<br>x 6 | 7<br>x 6 | 6<br>x 6 | 2<br>x 6 | 1<br>x 6 | 0<br>x 6 |
| 7<br>x 6 | 5<br>x 6 | 4<br>x 6 | 3<br>x 6 | 0<br>x 6 | 2<br>x 6 | 9<br>x 6 | 8<br>x 6 | 4<br>x 6 | 5<br>x 6 |
| 1<br>x 6 | 3<br>x 6 | 5<br>x 6 | 8<br>x 6 | 6<br>x 6 | 4<br>x 6 | 0<br>x 6 | 6<br>x 6 | 7<br>x 6 | 2<br>x 6 |
| 9<br>x 6 | 1<br>x 6 | 3<br>x 6 | 5<br>x 6 | 2<br>x 6 | 9<br>x 6 | 8<br>x 6 | 2<br>x 6 | 4<br>x 6 | 1<br>x 6 |
| 5<br>x 6 | 8<br>x 6 | 4<br>x 6 | 6<br>x 6 | 0<br>x 6 | 1<br>x 6 | 9<br>x 6 | 7<br>x 6 | 6<br>x 6 | 3<br>x 6 |
| 9<br>x 6 | 2<br>x 6 | 7<br>x 6 | 5<br>x 6 | 3<br>x 6 | 8<br>x 6 | 4<br>x 6 | 0<br>x 6 | 1<br>x 6 | 6<br>x 6 |
| 6<br>x 6 | 4<br>x 6 | 0<br>x 6 | 2<br>x 6 | 9<br>x 6 | 7<br>x 6 | 5<br>x 6 | 2<br>x 6 | 9<br>x 6 | 7<br>x 6 |
| 3<br>x 6 | 8<br>x 6 | 1<br>x 6 | 6<br>x 6 | 4<br>x 6 | 6<br>x 6 | 7<br>x 6 | 5<br>x 6 | 0<br>x 6 | 3<br>x 6 |
| 6<br>x 6 | 5<br>x 6 | 2<br>x 6 | 9<br>x 6 | 8<br>x 6 | 0<br>x 6 | 4<br>x 6 | 6<br>x 6 | 8<br>x 6 | 1<br>x 6 |

Date: _____  Score: _____ /100  Time: _____ Min. _____ Sec.

# Times Seven Drills

Name: _____

---

**Date: Monday** _____ Score: _____ /25  Time: _____ Min. _____ Sec.

| | | | | |
|---|---|---|---|---|
| 7 x 3 = ___ | 7 x 0 = ___ | 7 x 8 = ___ | 7 x 7 = ___ | 7 x 5 = ___ |
| 7 x 5 = ___ | 7 x 6 = ___ | 7 x 4 = ___ | 7 x 9 = ___ | 7 x 2 = ___ |
| 7 x 8 = ___ | 7 x 9 = ___ | 7 x 2 = ___ | 7 x 6 = ___ | 7 x 8 = ___ |
| 7 x 2 = ___ | 7 x 7 = ___ | 7 x 5 = ___ | 7 x 1 = ___ | 7 x 3 = ___ |
| 7 x 4 = ___ | 7 x 1 = ___ | 7 x 3 = ___ | 7 x 7 = ___ | 7 x 4 = ___ |

---

**Date: Tuesday** _____ Score: _____ /25  Time: _____ Min. _____ Sec.

| | | | | |
|---|---|---|---|---|
| 7 x 7 = ___ | 7 x 1 = ___ | 7 x 2 = ___ | 7 x 6 = ___ | 7 x 0 = ___ |
| 7 x 5 = ___ | 7 x 8 = ___ | 7 x 5 = ___ | 7 x 1 = ___ | 7 x 4 = ___ |
| 7 x 3 = ___ | 7 x 0 = ___ | 7 x 4 = ___ | 7 x 9 = ___ | 7 x 6 = ___ |
| 7 x 4 = ___ | 7 x 9 = ___ | 7 x 7 = ___ | 7 x 7 = ___ | 7 x 3 = ___ |
| 7 x 2 = ___ | 7 x 6 = ___ | 7 x 3 = ___ | 7 x 1 = ___ | 7 x 5 = ___ |

---

**Date: Wednesday** _____ Score: _____ /25  Time: _____ Min. _____ Sec.

| | | | | |
|---|---|---|---|---|
| 7 x 4 = ___ | 7 x 8 = ___ | 7 x 4 = ___ | 7 x 0 = ___ | 7 x 3 = ___ |
| 7 x 6 = ___ | 7 x 3 = ___ | 7 x 2 = ___ | 7 x 5 = ___ | 7 x 8 = ___ |
| 7 x 0 = ___ | 7 x 1 = ___ | 7 x 5 = ___ | 7 x 2 = ___ | 7 x 4 = ___ |
| 7 x 2 = ___ | 7 x 9 = ___ | 7 x 1 = ___ | 7 x 7 = ___ | 7 x 6 = ___ |
| 7 x 5 = ___ | 7 x 7 = ___ | 7 x 3 = ___ | 7 x 9 = ___ | 7 x 1 = ___ |

---

**Date: Thursday** _____ Score: _____ /25  Time: _____ Min. _____ Sec.

| | | | | |
|---|---|---|---|---|
| 7 x 1 = ___ | 7 x 5 = ___ | 7 x 2 = ___ | 7 x 5 = ___ | 7 x 1 = ___ |
| 7 x 2 = ___ | 7 x 3 = ___ | 7 x 0 = ___ | 7 x 3 = ___ | 7 x 6 = ___ |
| 7 x 7 = ___ | 7 x 8 = ___ | 7 x 7 = ___ | 7 x 8 = ___ | 7 x 9 = ___ |
| 7 x 9 = ___ | 7 x 1 = ___ | 7 x 6 = ___ | 7 x 4 = ___ | 7 x 2 = ___ |
| 7 x 3 = ___ | 7 x 4 = ___ | 7 x 9 = ___ | 7 x 0 = ___ | 7 x 7 = ___ |

---

**Date: Friday** _____ Score: _____ /25  Time: _____ Min. _____ Sec.

| | | | | |
|---|---|---|---|---|
| 7 x 0 = ___ | 7 x 2 = ___ | 7 x 0 = ___ | 7 x 2 = ___ | 7 x 3 = ___ |
| 7 x 1 = ___ | 7 x 6 = ___ | 7 x 3 = ___ | 7 x 6 = ___ | 7 x 0 = ___ |
| 7 x 8 = ___ | 7 x 4 = ___ | 7 x 8 = ___ | 7 x 4 = ___ | 7 x 7 = ___ |
| 7 x 7 = ___ | 7 x 1 = ___ | 7 x 5 = ___ | 7 x 1 = ___ | 7 x 5 = ___ |
| 7 x 9 = ___ | 7 x 5 = ___ | 7 x 9 = ___ | 7 x 8 = ___ | 7 x 9 = ___ |

---

# Home Practice Times Seven Drills

Name: _____

| Monday | Tuesday | Wednesday | Thursday | Friday |
|--------|---------|-----------|----------|--------|
| 7 x 0 = ____ | 7 x 3 = ____ | 7 x 6 = ____ | 7 x 2 = ____ | 7 x 1 = ____ |
| 7 x 8 = ____ | 7 x 5 = ____ | 7 x 4 = ____ | 7 x 4 = ____ | 7 x 6 = ____ |
| 7 x 1 = ____ | 7 x 8 = ____ | 7 x 0 = ____ | 7 x 7 = ____ | 7 x 9 = ____ |
| 7 x 7 = ____ | 7 x 2 = ____ | 7 x 5 = ____ | 7 x 3 = ____ | 7 x 2 = ____ |
| 7 x 9 = ____ | 7 x 4 = ____ | 7 x 2 = ____ | 7 x 5 = ____ | 7 x 7 = ____ |
| 7 x 2 = ____ | 7 x 0 = ____ | 7 x 7 = ____ | 7 x 1 = ____ | 7 x 5 = ____ |
| 7 x 6 = ____ | 7 x 6 = ____ | 7 x 9 = ____ | 7 x 8 = ____ | 7 x 3 = ____ |
| 7 x 4 = ____ | 7 x 9 = ____ | 7 x 3 = ____ | 7 x 0 = ____ | 7 x 8 = ____ |
| 7 x 1 = ____ | 7 x 7 = ____ | 7 x 8 = ____ | 7 x 9 = ____ | 7 x 4 = ____ |
| 7 x 5 = ____ | 7 x 1 = ____ | 7 x 1 = ____ | 7 x 6 = ____ | 7 x 0 = ____ |
| 7 x 0 = ____ | 7 x 3 = ____ | 7 x 6 = ____ | 7 x 2 = ____ | 7 x 1 = ____ |
| 7 x 3 = ____ | 7 x 5 = ____ | 7 x 4 = ____ | 7 x 4 = ____ | 7 x 6 = ____ |
| 7 x 8 = ____ | 7 x 8 = ____ | 7 x 0 = ____ | 7 x 7 = ____ | 7 x 9 = ____ |
| 7 x 5 = ____ | 7 x 2 = ____ | 7 x 2 = ____ | 7 x 3 = ____ | 7 x 2 = ____ |
| 7 x 9 = ____ | 7 x 4 = ____ | 7 x 4 = ____ | 7 x 5 = ____ | 7 x 7 = ____ |
| 7 x 2 = ____ | 7 x 0 = ____ | 7 x 0 = ____ | 7 x 1 = ____ | 7 x 5 = ____ |
| 7 x 6 = ____ | 7 x 6 = ____ | 7 x 5 = ____ | 7 x 8 = ____ | 7 x 3 = ____ |
| 7 x 4 = ____ | 7 x 9 = ____ | 7 x 2 = ____ | 7 x 0 = ____ | 7 x 8 = ____ |
| 7 x 1 = ____ | 7 x 1 = ____ | 7 x 7 = ____ | 7 x 6 = ____ | 7 x 4 = ____ |
| 7 x 5 = ____ | 7 x 3 = ____ | 7 x 9 = ____ | 7 x 2 = ____ | 7 x 0 = ____ |
| 7 x 0 = ____ | 7 x 5 = ____ | 7 x 3 = ____ | 7 x 4 = ____ | 7 x 1 = ____ |
| 7 x 3 = ____ | 7 x 8 = ____ | 7 x 8 = ____ | 7 x 7 = ____ | 7 x 6 = ____ |
| 7 x 8 = ____ | 7 x 2 = ____ | 7 x 1 = ____ | 7 x 3 = ____ | 7 x 9 = ____ |
| 7 x 7 = ____ | 7 x 4 = ____ | 7 x 6 = ____ | 7 x 5 = ____ | 7 x 2 = ____ |
| 7 x 9 = ____ | 7 x 9 = ____ | 7 x 4 = ____ | 7 x 1 = ____ | 7 x 7 = ____ |
| Score: ____/25 <br> ____ Min. <br> ____ Sec. | Score: ____/25 <br> ____ Min. <br> ____ Sec. | Score: ____/25 <br> ____ Min. <br> ____ Sec. | Score: ____/25 <br> ____ Min. <br> ____ Sec. | Score: ____/25 <br> ____ Min. <br> ____ Sec. |

# Extra Practice Times Seven Drills

Name: _____

| Day 1 | Day 2 | Day 3 | Day 4 | Day 5 |
|---|---|---|---|---|
| 7 x ___ = 21 | 7 x ___ = 14 | 7 x ___ = 42 | 7 x 1 = ___ | 7 x 0 = ___ |
| ___ x 5 = 35 | ___ x 4 = 28 | 7 x ___ = 28 | 7 x 6 = ___ | 7 x 1 = ___ |
| 7 x 8 = ___ | 7 x ___ = 49 | 7 x ___ = 0 | 7 x 9 = ___ | 7 x 8 = ___ |
| 7 x ___ = 14 | 7 x ___ = 21 | 7 x ___ = 35 | 7 x 2 = ___ | 7 x ___ = 49 |
| ___ x 4 = 28 | ___ x 5 = 35 | 7 x ___ = 14 | 7 x 7 = ___ | 7 x ___ = 63 |
| 7 x 0 = ___ | 7 x 1 = ___ | 7 x ___ = 49 | 7 x 5 = ___ | 7 x ___ = 14 |
| 7 x ___ = 42 | 7 x ___ = 56 | 7 x ___ = 63 | 7 x 3 = ___ | 7 x ___ = 42 |
| ___ x 9 = 63 | ___ x 2 = 14 | 7 x ___ = 21 | 7 x 8 = ___ | 7 x ___ = 28 |
| 7 x 7 = ___ | 7 x ___ = 42 | 7 x ___ = 56 | 7 x 4 = ___ | 7 x ___ = 7 |
| 7 x ___ = 7 | 7 x ___ = 7 | 7 x ___ = 7 | 7 x 0 = ___ | 7 x ___ = 56 |
| ___ x 3 = 21 | ___ x 4 = 28 | 7 x ___ = 42 | 7 x 1 = ___ | 7 x ___ = 35 |
| 7 x 5 = ___ | 7 x 5 = ___ | 7 x ___ = 28 | 7 x 6 = ___ | 7 x ___ = 63 |
| 7 x ___ = 56 | 7 x ___ = 7 | 7 x ___ = 0 | 7 x 9 = ___ | 7 x 5 = ___ |
| ___ x 2 = 14 | ___ x 8 = 56 | 7 x ___ = 14 | 7 x 2 = ___ | 7 x 0 = ___ |
| 7 x 4 = ___ | 7 x ___ = 49 | 7 x ___ = 28 | 7 x 7 = ___ | 7 x 6 = ___ |
| 7 x ___ = 0 | 7 x ___ = 21 | 7 x ___ = 14 | 7 x 8 = ___ | 7 x ___ = 14 |
| ___ x 6 = 42 | ___ x 2 = 14 | 7 x ___ = 35 | 7 x 3 = ___ | 7 x ___ = 21 |
| 7 x 9 = ___ | 7 x 6 = ___ | 7 x ___ = 49 | 7 x 5 = ___ | 7 x ___ = 49 |
| 7 x ___ = 21 | 7 x ___ = 21 | 7 x ___ = 0 | 7 x 4 = ___ | 7 x 1 = ___ |
| ___ x 5 = 35 | ___ x 7 = 49 | 7 x ___ = 63 | 7 x 0 = ___ | 7 x 7 = ___ |
| 7 x 8 = ___ | 7 x ___ = 0 | 7 x ___ = 21 | 7 x 2 = ___ | 7 x 2 = ___ |
| 7 x ___ = 14 | 7 x ___ = 14 | 7 x ___ = 56 | 7 x 1 = ___ | 7 x ___ = 63 |
| ___ x 9 = 63 | ___ x 5 = 35 | 7 x ___ = 7 | 7 x 6 = ___ | 7 x ___ = 28 |
| 7 x 4 = ___ | 7 x 8 = ___ | 7 x ___ = 42 | 7 x 3 = ___ | 7 x ___ = 56 |
| 7 x 1 = ___ | 7 x 4 = ___ | 7 x ___ = 28 | 7 x 9 = ___ | 7 x ___ = 35 |
| Score: _____ /25 | Score: _____ /25 | Score: _____ /25 | Score: _____ /25 | Score: _____ /25 |
| _____ Min. | _____ Min. | _____ Min. | _____ Min. | _____ Min. |
| _____ Sec. | _____ Sec. | _____ Sec. | _____ Sec. | _____ Sec. |

# Times Seven Review Test

Name: _____

| | | | | | | | | | |
|---|---|---|---|---|---|---|---|---|---|
| 3<br>x 7 | 5<br>x 7 | 8<br>x 7 | 2<br>x 7 | 4<br>x 7 | 0<br>x 7 | 6<br>x 7 | 9<br>x 7 | 7<br>x 7 | 1<br>x 7 |
| 8<br>x 7 | 2<br>x 7 | 3<br>x 7 | 5<br>x 7 | 2<br>x 7 | 4<br>x 7 | 0<br>x 7 | 9<br>x 7 | 6<br>x 7 | 3<br>x 7 |
| 1<br>x 7 | 3<br>x 7 | 5<br>x 7 | 8<br>x 7 | 9<br>x 7 | 4<br>x 7 | 2<br>x 7 | 7<br>x 7 | 0<br>x 7 | 6<br>x 7 |
| 5<br>x 7 | 0<br>x 7 | 6<br>x 7 | 2<br>x 7 | 3<br>x 7 | 4<br>x 7 | 1<br>x 7 | 5<br>x 7 | 2<br>x 7 | 9<br>x 7 |
| 1<br>x 7 | 8<br>x 7 | 7<br>x 7 | 0<br>x 7 | 6<br>x 7 | 2<br>x 7 | 4<br>x 7 | 3<br>x 7 | 7<br>x 7 | 5<br>x 7 |
| 6<br>x 7 | 5<br>x 7 | 1<br>x 7 | 4<br>x 7 | 0<br>x 7 | 8<br>x 7 | 9<br>x 7 | 2<br>x 7 | 3<br>x 7 | 8<br>x 7 |
| 1<br>x 7 | 0<br>x 7 | 9<br>x 7 | 2<br>x 7 | 4<br>x 7 | 6<br>x 7 | 5<br>x 7 | 8<br>x 7 | 7<br>x 7 | 2<br>x 7 |
| 4<br>x 7 | 9<br>x 7 | 3<br>x 7 | 6<br>x 7 | 5<br>x 7 | 0<br>x 7 | 1<br>x 7 | 8<br>x 7 | 4<br>x 7 | 3<br>x 7 |
| 7<br>x 7 | 2<br>x 7 | 1<br>x 7 | 8<br>x 7 | 9<br>x 7 | 6<br>x 7 | 3<br>x 7 | 0<br>x 7 | 4<br>x 7 | 7<br>x 7 |
| 1<br>x 7 | 4<br>x 7 | 6<br>x 7 | 3<br>x 7 | 7<br>x 7 | 2<br>x 7 | 5<br>x 7 | 8<br>x 7 | 9<br>x 7 | 0<br>x 7 |

Date: _____  Score: _____/100  Time: _____ Min. _____ Sec.

# Times Eight Drills

Name: _____

---

**Date: Monday** _____ Score: _____ /25 Time: _____ Min. _____ Sec.

| | | | | |
|---|---|---|---|---|
| 8 x 3 = ____ | 8 x 0 = ____ | 8 x 4 = ____ | 8 x 7 = ____ | 8 x 5 = ____ |
| 8 x 5 = ____ | 8 x 6 = ____ | 8 x 3 = ____ | 8 x 6 = ____ | 8 x 2 = ____ |
| 8 x 8 = ____ | 8 x 9 = ____ | 8 x 8 = ____ | 8 x 9 = ____ | 8 x 4 = ____ |
| 8 x 2 = ____ | 8 x 7 = ____ | 8 x 5 = ____ | 8 x 1 = ____ | 8 x 8 = ____ |
| 8 x 4 = ____ | 8 x 1 = ____ | 8 x 2 = ____ | 8 x 2 = ____ | 8 x 9 = ____ |

---

**Date: Tuesday** _____ Score: _____ /25 Time: _____ Min. _____ Sec.

| | | | | |
|---|---|---|---|---|
| 8 x 2 = ____ | 8 x 1 = ____ | 8 x 2 = ____ | 8 x 1 = ____ | 8 x 4 = ____ |
| 8 x 4 = ____ | 8 x 8 = ____ | 8 x 4 = ____ | 8 x 8 = ____ | 8 x 7 = ____ |
| 8 x 7 = ____ | 8 x 0 = ____ | 8 x 7 = ____ | 8 x 0 = ____ | 8 x 5 = ____ |
| 8 x 3 = ____ | 8 x 9 = ____ | 8 x 3 = ____ | 8 x 6 = ____ | 8 x 3 = ____ |
| 8 x 5 = ____ | 8 x 6 = ____ | 8 x 5 = ____ | 8 x 2 = ____ | 8 x 1 = ____ |

---

**Date: Wednesday** _____ Score: _____ /25 Time: _____ Min. _____ Sec.

| | | | | |
|---|---|---|---|---|
| 8 x 6 = ____ | 8 x 7 = ____ | 8 x 6 = ____ | 8 x 0 = ____ | 8 x 3 = ____ |
| 8 x 4 = ____ | 8 x 9 = ____ | 8 x 4 = ____ | 8 x 5 = ____ | 8 x 8 = ____ |
| 8 x 0 = ____ | 8 x 3 = ____ | 8 x 0 = ____ | 8 x 2 = ____ | 8 x 1 = ____ |
| 8 x 5 = ____ | 8 x 8 = ____ | 8 x 2 = ____ | 8 x 7 = ____ | 8 x 4 = ____ |
| 8 x 2 = ____ | 8 x 1 = ____ | 8 x 4 = ____ | 8 x 9 = ____ | 8 x 6 = ____ |

---

**Date: Thursday** _____ Score: _____ /25 Time: _____ Min. _____ Sec.

| | | | | |
|---|---|---|---|---|
| 8 x 1 = ____ | 8 x 0 = ____ | 8 x 2 = ____ | 8 x 0 = ____ | 8 x 2 = ____ |
| 8 x 5 = ____ | 8 x 8 = ____ | 8 x 6 = ____ | 8 x 3 = ____ | 8 x 5 = ____ |
| 8 x 6 = ____ | 8 x 7 = ____ | 8 x 4 = ____ | 8 x 8 = ____ | 8 x 4 = ____ |
| 8 x 2 = ____ | 8 x 6 = ____ | 8 x 1 = ____ | 8 x 6 = ____ | 8 x 6 = ____ |
| 8 x 7 = ____ | 8 x 9 = ____ | 8 x 5 = ____ | 8 x 9 = ____ | 8 x 1 = ____ |

---

**Date: Friday** _____ Score: _____ /25 Time: _____ Min. _____ Sec.

| | | | | |
|---|---|---|---|---|
| 8 x 3 = ____ | 8 x 7 = ____ | 8 x 4 = ____ | 8 x 5 = ____ | 8 x 2 = ____ |
| 8 x 0 = ____ | 8 x 2 = ____ | 8 x 3 = ____ | 8 x 7 = ____ | 8 x 4 = ____ |
| 8 x 8 = ____ | 8 x 9 = ____ | 8 x 0 = ____ | 8 x 9 = ____ | 8 x 5 = ____ |
| 8 x 7 = ____ | 8 x 6 = ____ | 8 x 8 = ____ | 8 x 8 = ____ | 8 x 7 = ____ |
| 8 x 9 = ____ | 8 x 1 = ____ | 8 x 5 = ____ | 8 x 3 = ____ | 8 x 8 = ____ |

---

# Home Practice Times Eight Drills

Name: _____

| Monday | Tuesday | Wednesday | Thursday | Friday |
|---|---|---|---|---|
| 8 x 0 = ____ | 8 x 1 = ____ | 8 x 6 = ____ | 8 x 2 = ____ | 8 x 3 = ____ |
| 8 x 8 = ____ | 8 x 6 = ____ | 8 x 4 = ____ | 8 x 4 = ____ | 8 x 5 = ____ |
| 8 x 1 = ____ | 8 x 9 = ____ | 8 x 0 = ____ | 8 x 7 = ____ | 8 x 8 = ____ |
| 8 x 7 = ____ | 8 x 2 = ____ | 8 x 5 = ____ | 8 x 3 = ____ | 8 x 2 = ____ |
| 8 x 9 = ____ | 8 x 7 = ____ | 8 x 2 = ____ | 8 x 5 = ____ | 8 x 4 = ____ |
| 8 x 2 = ____ | 8 x 5 = ____ | 8 x 7 = ____ | 8 x 1 = ____ | 8 x 0 = ____ |
| 8 x 6 = ____ | 8 x 3 = ____ | 8 x 9 = ____ | 8 x 8 = ____ | 8 x 9 = ____ |
| 8 x 4 = ____ | 8 x 8 = ____ | 8 x 3 = ____ | 8 x 0 = ____ | 8 x 6 = ____ |
| 8 x 1 = ____ | 8 x 4 = ____ | 8 x 8 = ____ | 8 x 9 = ____ | 8 x 1 = ____ |
| 8 x 5 = ____ | 8 x 0 = ____ | 8 x 1 = ____ | 8 x 2 = ____ | 8 x 7 = ____ |
| 8 x 0 = ____ | 8 x 1 = ____ | 8 x 4 = ____ | 8 x 6 = ____ | 8 x 5 = ____ |
| 8 x 3 = ____ | 8 x 6 = ____ | 8 x 6 = ____ | 8 x 4 = ____ | 8 x 3 = ____ |
| 8 x 8 = ____ | 8 x 9 = ____ | 8 x 2 = ____ | 8 x 3 = ____ | 8 x 8 = ____ |
| 8 x 5 = ____ | 8 x 2 = ____ | 8 x 0 = ____ | 8 x 7 = ____ | 8 x 2 = ____ |
| 8 x 9 = ____ | 8 x 7 = ____ | 8 x 4 = ____ | 8 x 5 = ____ | 8 x 4 = ____ |
| 8 x 2 = ____ | 8 x 5 = ____ | 8 x 5 = ____ | 8 x 8 = ____ | 8 x 0 = ____ |
| 8 x 6 = ____ | 8 x 3 = ____ | 8 x 7 = ____ | 8 x 2 = ____ | 8 x 6 = ____ |
| 8 x 4 = ____ | 8 x 8 = ____ | 8 x 3 = ____ | 8 x 1 = ____ | 8 x 9 = ____ |
| 8 x 1 = ____ | 8 x 4 = ____ | 8 x 9 = ____ | 8 x 4 = ____ | 8 x 1 = ____ |
| 8 x 5 = ____ | 8 x 1 = ____ | 8 x 2 = ____ | 8 x 0 = ____ | 8 x 3 = ____ |
| 8 x 0 = ____ | 8 x 0 = ____ | 8 x 8 = ____ | 8 x 9 = ____ | 8 x 5 = ____ |
| 8 x 3 = ____ | 8 x 9 = ____ | 8 x 1 = ____ | 8 x 6 = ____ | 8 x 8 = ____ |
| 8 x 8 = ____ | 8 x 6 = ____ | 8 x 6 = ____ | 8 x 3 = ____ | 8 x 2 = ____ |
| 8 x 7 = ____ | 8 x 7 = ____ | 8 x 4 = ____ | 8 x 5 = ____ | 8 x 4 = ____ |
| 8 x 9 = ____ | 8 x 2 = ____ | 8 x 0 = ____ | 8 x 1 = ____ | 8 x 9 = ____ |
| Score: ____/25 | Score: ____/25 | Score: ____/25 | Score: ____/25 | Score: ____/25 |
| ____ Min. | ____ Min. | ____ Min. | ____ Min. | ____ Min. |
| ____ Sec. | ____ Sec. | ____ Sec. | ____ Sec. | ____ Sec. |

# Extra Practice Times Eight Drills

Name: _____

| Day 1 | Day 2 | Day 3 | Day 4 | Day 5 |
|---|---|---|---|---|
| 8 x ___ = 24 | 8 x ___ = 16 | 8 x ___ = 48 | 8 x 1 = ___ | 8 x 0 = ___ |
| ___ x 5 = 40 | ___ x 4 = 32 | 8 x ___ = 32 | 8 x 6 = ___ | 8 x 1 = ___ |
| 8 x 8 = ___ | 8 x ___ = 40 | 8 x ___ = 0 | 8 x 8 = ___ | 8 x 8 = ___ |
| 8 x ___ = 16 | 8 x ___ = 24 | 8 x ___ = 40 | 8 x 9 = ___ | 8 x ___ = 56 |
| ___ x 3 = 24 | ___ x 1 = 8 | 8 x ___ = 16 | 8 x 2 = ___ | 8 x ___ = 72 |
| 8 x 0 = ___ | 8 x 9 = ___ | 8 x ___ = 56 | 8 x 7 = ___ | 8 x ___ = 16 |
| 8 x ___ = 48 | 8 x ___ = 64 | 8 x ___ = 72 | 8 x 5 = ___ | 8 x ___ = 48 |
| ___ x 9 = 72 | ___ x 0 = 0 | 8 x ___ = 24 | 8 x 3 = ___ | 8 x ___ = 32 |
| 8 x 7 = ___ | 8 x ___ = 48 | 8 x ___ = 64 | 8 x 4 = ___ | 8 x ___ = 8 |
| 8 x ___ = 8 | 8 x ___ = 32 | 8 x ___ = 8 | 8 x 0 = ___ | 8 x ___ = 0 |
| ___ x 3 = 24 | ___ x 2 = 16 | 8 x ___ = 48 | 8 x 8 = ___ | 8 x ___ = 64 |
| 8 x 5 = ___ | 8 x 3 = ___ | 8 x ___ = 24 | 8 x 1 = ___ | 8 x ___ = 16 |
| 8 x ___ = 64 | 8 x ___ = 72 | 8 x ___ = 0 | 8 x 6 = ___ | 8 x 3 = ___ |
| ___ x 2 = 16 | ___ x 5 = 40 | 8 x ___ = 16 | 8 x 9 = ___ | 8 x 5 = ___ |
| 8 x 4 = ___ | 8 x ___ = 56 | 8 x ___ = 32 | 8 x 2 = ___ | 8 x 0 = ___ |
| 8 x ___ = 0 | 8 x ___ = 64 | 8 x ___ = 24 | 8 x 7 = ___ | 8 x ___ = 64 |
| ___ x 6 = 48 | ___ x 3 = 24 | 8 x ___ = 72 | 8 x 5 = ___ | 8 x ___ = 40 |
| 8 x 9 = ___ | 8 x 5 = ___ | 8 x ___ = 56 | 8 x 3 = ___ | 8 x ___ = 72 |
| 8 x ___ = 8 | 8 x ___ = 48 | 8 x ___ = 64 | 8 x 8 = ___ | 8 x 7 = ___ |
| ___ x 3 = 24 | ___ x 2 = 16 | 8 x ___ = 8 | 8 x 4 = ___ | 8 x 6 = ___ |
| 8 x 5 = ___ | 8 x ___ = 40 | 8 x ___ = 16 | 8 x 1 = ___ | 8 x 0 = ___ |
| 8 x ___ = 64 | 8 x ___ = 56 | 8 x ___ = 32 | 8 x 0 = ___ | 8 x ___ = 48 |
| ___ x 2 = 16 | ___ x 0 = 0 | 8 x ___ = 24 | 8 x 2 = ___ | 8 x ___ = 16 |
| 8 x 4 = ___ | 8 x 5 = ___ | 8 x ___ = 40 | 8 x 6 = ___ | 8 x ___ = 56 |
| 8 x 7 = ___ | 8 x 7 = ___ | 8 x ___ = 48 | 8 x 9 = ___ | 8 x ___ = 24 |
| Score: _____ /25 | Score: _____ /25 | Score: _____ /25 | Score: _____ /25 | Score: _____ /25 |
| _____ Min. | _____ Min. | _____ Min. | _____ Min. | _____ Min. |
| _____ Sec. | _____ Sec. | _____ Sec. | _____ Sec. | _____ Sec. |

# Times Eight Review Test

**Name:** _____

| | | | | | | | | | |
|---|---|---|---|---|---|---|---|---|---|
| 3<br>x 8 | 5<br>x 8 | 8<br>x 8 | 2<br>x 8 | 4<br>x 8 | 0<br>x 8 | 6<br>x 8 | 9<br>x 8 | 7<br>x 8 | 1<br>x 8 |
| 3<br>x 8 | 8<br>x 8 | 5<br>x 8 | 0<br>x 8 | 9<br>x 8 | 6<br>x 8 | 3<br>x 8 | 1<br>x 8 | 8<br>x 8 | 5<br>x 8 |
| 4<br>x 8 | 9<br>x 8 | 7<br>x 8 | 2<br>x 8 | 5<br>x 8 | 3<br>x 8 | 8<br>x 8 | 0<br>x 8 | 6<br>x 8 | 4<br>x 8 |
| 7<br>x 8 | 4<br>x 8 | 1<br>x 8 | 3<br>x 8 | 5<br>x 8 | 1<br>x 8 | 9<br>x 8 | 6<br>x 8 | 0<br>x 8 | 8<br>x 8 |
| 2<br>x 8 | 7<br>x 8 | 4<br>x 8 | 3<br>x 8 | 5<br>x 8 | 2<br>x 8 | 1<br>x 8 | 4<br>x 8 | 9<br>x 8 | 8<br>x 8 |
| 1<br>x 8 | 4<br>x 8 | 2<br>x 8 | 8<br>x 8 | 9<br>x 8 | 6<br>x 8 | 5<br>x 8 | 7<br>x 8 | 3<br>x 8 | 0<br>x 8 |
| 4<br>x 8 | 5<br>x 8 | 2<br>x 8 | 7<br>x 8 | 3<br>x 8 | 8<br>x 8 | 0<br>x 8 | 2<br>x 8 | 1<br>x 8 | 9<br>x 8 |
| 1<br>x 8 | 6<br>x 8 | 4<br>x 8 | 0<br>x 8 | 9<br>x 8 | 2<br>x 8 | 5<br>x 8 | 7<br>x 8 | 3<br>x 8 | 8<br>x 8 |
| 7<br>x 8 | 2<br>x 8 | 3<br>x 8 | 0<br>x 8 | 5<br>x 8 | 1<br>x 8 | 9<br>x 8 | 4<br>x 8 | 6<br>x 8 | 8<br>x 8 |
| 4<br>x 8 | 5<br>x 8 | 1<br>x 8 | 2<br>x 8 | 0<br>x 8 | 8<br>x 8 | 9<br>x 8 | 6<br>x 8 | 7<br>x 8 | 3<br>x 8 |

**Date:** _____    **Score:** _____ /100   **Time:** _____ Min. _____ Sec.

# Times Nine Drills

**Name:** _____

---

**Date: Monday** _____  Score: _____ /25  Time: _____ Min. _____ Sec.

| | | | | |
|---|---|---|---|---|
| 9 x 4 = ____ | 9 x 6 = ____ | 9 x 3 = ____ | 9 x 0 = ____ | 9 x 5 = ____ |
| 9 x 8 = ____ | 9 x 0 = ____ | 9 x 5 = ____ | 9 x 6 = ____ | 9 x 8 = ____ |
| 9 x 5 = ____ | 9 x 1 = ____ | 9 x 4 = ____ | 9 x 9 = ____ | 9 x 4 = ____ |
| 9 x 2 = ____ | 9 x 9 = ____ | 9 x 8 = ____ | 9 x 1 = ____ | 9 x 2 = ____ |
| 9 x 3 = ____ | 9 x 7 = ____ | 9 x 2 = ____ | 9 x 3 = ____ | 9 x 3 = ____ |

---

**Date: Tuesday** _____  Score: _____ /25  Time: _____ Min. _____ Sec.

| | | | | |
|---|---|---|---|---|
| 9 x 2 = ____ | 9 x 1 = ____ | 9 x 2 = ____ | 9 x 8 = ____ | 9 x 5 = ____ |
| 9 x 4 = ____ | 9 x 8 = ____ | 9 x 4 = ____ | 9 x 1 = ____ | 9 x 3 = ____ |
| 9 x 7 = ____ | 9 x 0 = ____ | 9 x 7 = ____ | 9 x 0 = ____ | 9 x 7 = ____ |
| 9 x 3 = ____ | 9 x 9 = ____ | 9 x 3 = ____ | 9 x 6 = ____ | 9 x 1 = ____ |
| 9 x 5 = ____ | 9 x 6 = ____ | 9 x 5 = ____ | 9 x 2 = ____ | 9 x 9 = ____ |

---

**Date: Wednesday** _____  Score: _____ /25  Time: _____ Min. _____ Sec.

| | | | | |
|---|---|---|---|---|
| 9 x 6 = ____ | 9 x 7 = ____ | 9 x 6 = ____ | 9 x 8 = ____ | 9 x 3 = ____ |
| 9 x 4 = ____ | 9 x 9 = ____ | 9 x 4 = ____ | 9 x 6 = ____ | 9 x 8 = ____ |
| 9 x 5 = ____ | 9 x 8 = ____ | 9 x 0 = ____ | 9 x 3 = ____ | 9 x 1 = ____ |
| 9 x 2 = ____ | 9 x 3 = ____ | 9 x 2 = ____ | 9 x 1 = ____ | 9 x 6 = ____ |
| 9 x 0 = ____ | 9 x 6 = ____ | 9 x 5 = ____ | 9 x 7 = ____ | 9 x 4 = ____ |

---

**Date: Thursday** _____  Score: _____ /25  Time: _____ Min. _____ Sec.

| | | | | |
|---|---|---|---|---|
| 9 x 1 = ____ | 9 x 8 = ____ | 9 x 7 = ____ | 9 x 7 = ____ | 9 x 0 = ____ |
| 9 x 6 = ____ | 9 x 3 = ____ | 9 x 2 = ____ | 9 x 9 = ____ | 9 x 1 = ____ |
| 9 x 9 = ____ | 9 x 5 = ____ | 9 x 5 = ____ | 9 x 2 = ____ | 9 x 6 = ____ |
| 9 x 2 = ____ | 9 x 0 = ____ | 9 x 8 = ____ | 9 x 3 = ____ | 9 x 4 = ____ |
| 9 x 7 = ____ | 9 x 4 = ____ | 9 x 6 = ____ | 9 x 4 = ____ | 9 x 8 = ____ |

---

**Date: Friday** _____  Score: _____ /25  Time: _____ Min. _____ Sec.

| | | | | |
|---|---|---|---|---|
| 9 x 7 = ____ | 9 x 2 = ____ | 9 x 0 = ____ | 9 x 6 = ____ | 9 x 9 = ____ |
| 9 x 8 = ____ | 9 x 6 = ____ | 9 x 9 = ____ | 9 x 2 = ____ | 9 x 7 = ____ |
| 9 x 0 = ____ | 9 x 5 = ____ | 9 x 3 = ____ | 9 x 5 = ____ | 9 x 0 = ____ |
| 9 x 9 = ____ | 9 x 1 = ____ | 9 x 8 = ____ | 9 x 1 = ____ | 9 x 1 = ____ |
| 9 x 4 = ____ | 9 x 3 = ____ | 9 x 4 = ____ | 9 x 4 = ____ | 9 x 8 = ____ |

# Home Practice Times Nine Drills

Name: _____

| Monday | Tuesday | Wednesday | Thursday | Friday |
|---|---|---|---|---|
| 9 x 3 = ____ | 9 x 0 = ____ | 9 x 6 = ____ | 9 x 2 = ____ | 9 x 1 = ____ |
| 9 x 8 = ____ | 9 x 1 = ____ | 9 x 4 = ____ | 9 x 4 = ____ | 9 x 6 = ____ |
| 9 x 5 = ____ | 9 x 8 = ____ | 9 x 0 = ____ | 9 x 7 = ____ | 9 x 9 = ____ |
| 9 x 2 = ____ | 9 x 7 = ____ | 9 x 5 = ____ | 9 x 3 = ____ | 9 x 2 = ____ |
| 9 x 4 = ____ | 9 x 9 = ____ | 9 x 2 = ____ | 9 x 5 = ____ | 9 x 7 = ____ |
| 9 x 0 = ____ | 9 x 2 = ____ | 9 x 7 = ____ | 9 x 1 = ____ | 9 x 5 = ____ |
| 9 x 6 = ____ | 9 x 6 = ____ | 9 x 9 = ____ | 9 x 8 = ____ | 9 x 3 = ____ |
| 9 x 9 = ____ | 9 x 4 = ____ | 9 x 3 = ____ | 9 x 0 = ____ | 9 x 8 = ____ |
| 9 x 7 = ____ | 9 x 1 = ____ | 9 x 8 = ____ | 9 x 9 = ____ | 9 x 4 = ____ |
| 9 x 1 = ____ | 9 x 5 = ____ | 9 x 1 = ____ | 9 x 6 = ____ | 9 x 0 = ____ |
| 9 x 5 = ____ | 9 x 0 = ____ | 9 x 6 = ____ | 9 x 2 = ____ | 9 x 6 = ____ |
| 9 x 3 = ____ | 9 x 3 = ____ | 9 x 4 = ____ | 9 x 4 = ____ | 9 x 1 = ____ |
| 9 x 8 = ____ | 9 x 8 = ____ | 9 x 0 = ____ | 9 x 5 = ____ | 9 x 9 = ____ |
| 9 x 2 = ____ | 9 x 5 = ____ | 9 x 4 = ____ | 9 x 3 = ____ | 9 x 7 = ____ |
| 9 x 4 = ____ | 9 x 9 = ____ | 9 x 2 = ____ | 9 x 7 = ____ | 9 x 2 = ____ |
| 9 x 0 = ____ | 9 x 2 = ____ | 9 x 0 = ____ | 9 x 1 = ____ | 9 x 3 = ____ |
| 9 x 6 = ____ | 9 x 6 = ____ | 9 x 5 = ____ | 9 x 8 = ____ | 9 x 5 = ____ |
| 9 x 9 = ____ | 9 x 4 = ____ | 9 x 2 = ____ | 9 x 0 = ____ | 9 x 4 = ____ |
| 9 x 1 = ____ | 9 x 1 = ____ | 9 x 7 = ____ | 9 x 6 = ____ | 9 x 8 = ____ |
| 9 x 3 = ____ | 9 x 5 = ____ | 9 x 9 = ____ | 9 x 2 = ____ | 9 x 0 = ____ |
| 9 x 5 = ____ | 9 x 0 = ____ | 9 x 9 = ____ | 9 x 4 = ____ | 9 x 1 = ____ |
| 9 x 8 = ____ | 9 x 3 = ____ | 9 x 3 = ____ | 9 x 7 = ____ | 9 x 6 = ____ |
| 9 x 2 = ____ | 9 x 8 = ____ | 9 x 8 = ____ | 9 x 3 = ____ | 9 x 2 = ____ |
| 9 x 4 = ____ | 9 x 7 = ____ | 9 x 1 = ____ | 9 x 5 = ____ | 9 x 7 = ____ |
| 9 x 9 = ____ | 9 x 9 = ____ | 9 x 6 = ____ | 9 x 1 = ____ | 9 x 9 = ____ |
| Score: ____/25 | Score: ____/25 | Score: ____/25 | Score: ____/25 | Score: ____/25 |
| ____ Min. | ____ Min. | ____ Min. | ____ Min. | ____ Min. |
| ____ Sec. | ____ Sec. | ____ Sec. | ____ Sec. | ____ Sec. |

# Extra Practice Times Nine Drills

Name: _____

| Day 1 | Day 2 | Day 3 | Day 4 | Day 5 |
|---|---|---|---|---|
| 9 x ___ = 27 | 9 x ___ = 18 | 9 x ___ = 54 | 9 x 1 = ___ | 9 x 0 = ___ |
| ___ x 5 = 45 | ___ x 4 = 36 | 9 x ___ = 36 | 9 x 6 = ___ | 9 x 1 = ___ |
| 9 x 8 = ___ | 9 x ___ = 27 | 9 x ___ = 0 | 9 x 9 = ___ | 9 x 8 = ___ |
| 9 x ___ = 18 | 9 x ___ = 45 | 9 x ___ = 45 | 9 x 2 = ___ | 9 x ___ = 63 |
| ___ x 4 = 36 | ___ x 1 = 9 | 9 x ___ = 18 | 9 x 7 = ___ | 9 x ___ = 81 |
| 9 x 6 = ___ | 9 x 9 = ___ | 9 x ___ = 63 | 9 x 5 = ___ | 9 x ___ = 18 |
| 9 x ___ = 0 | 9 x ___ = 72 | 9 x ___ = 81 | 9 x 3 = ___ | 9 x ___ = 54 |
| ___ x 7 = 63 | ___ x 6 = 54 | 9 x ___ = 27 | 9 x 8 = ___ | 9 x ___ = 36 |
| 9 x 1 = ___ | 9 x ___ = 18 | 9 x ___ = 72 | 9 x 4 = ___ | 9 x ___ = 9 |
| 9 x ___ = 27 | 9 x ___ = 63 | 9 x ___ = 9 | 9 x 1 = ___ | 9 x ___ = 81 |
| ___ x 5 = 45 | ___ x 2 = 18 | 9 x ___ = 54 | 9 x 0 = ___ | 9 x ___ = 72 |
| 9 x 8 = ___ | 9 x 7 = ___ | 9 x ___ = 36 | 9 x 9 = ___ | 9 x ___ = 27 |
| 9 x ___ = 18 | 9 x ___ = 27 | 9 x ___ = 0 | 9 x 6 = ___ | 9 x 3 = ___ |
| ___ x 4 = 36 | ___ x 5 = 45 | 9 x ___ = 18 | 9 x 7 = ___ | 9 x 5 = ___ |
| 9 x 6 = ___ | 9 x ___ = 63 | 9 x ___ = 36 | 9 x 2 = ___ | 9 x 7 = ___ |
| 9 x ___ = 0 | 9 x ___ = 36 | 9 x ___ = 9 | 9 x 3 = ___ | 9 x ___ = 36 |
| ___ x 2 = 18 | ___ x 6 = 54 | 9 x ___ = 45 | 9 x 5 = ___ | 9 x ___ = 18 |
| 9 x 7 = ___ | 9 x 7 = ___ | 9 x ___ = 18 | 9 x 4 = ___ | 9 x ___ = 9 |
| 9 x ___ = 27 | 9 x ___ = 72 | 9 x ___ = 63 | 9 x 8 = ___ | 9 x 0 = ___ |
| ___ x 1 = 9 | ___ x 2 = 18 | 9 x ___ = 81 | 9 x 1 = ___ | 9 x 4 = ___ |
| 9 x 8 = ___ | 9 x ___ = 81 | 9 x ___ = 72 | 9 x 7 = ___ | 9 x 9 = ___ |
| 9 x ___ = 54 | 9 x ___ = 9 | 9 x ___ = 27 | 9 x 2 = ___ | 9 x ___ = 63 |
| ___ x 9 = 81 | ___ x 0 = 0 | 9 x ___ = 0 | 9 x 3 = ___ | 9 x ___ = 81 |
| 9 x 4 = ___ | 9 x 4 = ___ | 9 x ___ = 36 | 9 x 5 = ___ | 9 x ___ = 72 |
| 9 x 8 = ___ | 9 x 8 = ___ | 9 x ___ = 54 | 9 x 7 = ___ | 9 x ___ = 45 |
| Score: ____ /25 | Score: ____ /25 | Score: ____ /25 | Score: ____ /25 | Score: ____ /25 |
| ____ Min. | ____ Min. | ____ Min. | ____ Min. | ____ Min. |
| ____ Sec. | ____ Sec. | ____ Sec. | ____ Sec. | ____ Sec. |

OTM-1141 • SSK1-41 Timed Multiplication Facts

# Times Nine Review Test

Name: _____

| | | | | | | | | | |
|---|---|---|---|---|---|---|---|---|---|
| 3<br>x 9 | 5<br>x 9 | 8<br>x 9 | 2<br>x 9 | 4<br>x 9 | 0<br>x 9 | 6<br>x 9 | 9<br>x 9 | 7<br>x 9 | 1<br>x 9 |
| 8<br>x 9 | 3<br>x 9 | 2<br>x 9 | 5<br>x 9 | 0<br>x 9 | 6<br>x 9 | 4<br>x 9 | 1<br>x 9 | 2<br>x 9 | 9<br>x 9 |
| 5<br>x 9 | 7<br>x 9 | 8<br>x 9 | 2<br>x 9 | 4<br>x 9 | 6<br>x 9 | 1<br>x 9 | 3<br>x 9 | 0<br>x 9 | 9<br>x 9 |
| 1<br>x 9 | 8<br>x 9 | 0<br>x 9 | 2<br>x 9 | 7<br>x 9 | 6<br>x 9 | 1<br>x 9 | 5<br>x 9 | 4<br>x 9 | 3<br>x 9 |
| 6<br>x 9 | 4<br>x 9 | 5<br>x 9 | 9<br>x 9 | 8<br>x 9 | 0<br>x 9 | 1<br>x 9 | 3<br>x 9 | 7<br>x 9 | 2<br>x 9 |
| 1<br>x 9 | 6<br>x 9 | 4<br>x 9 | 3<br>x 9 | 8<br>x 9 | 7<br>x 9 | 0<br>x 9 | 4<br>x 9 | 2<br>x 9 | 9<br>x 9 |
| 4<br>x 9 | 8<br>x 9 | 3<br>x 9 | 5<br>x 9 | 7<br>x 9 | 2<br>x 9 | 9<br>x 9 | 6<br>x 9 | 1<br>x 9 | 0<br>x 9 |
| 1<br>x 9 | 0<br>x 9 | 9<br>x 9 | 6<br>x 9 | 2<br>x 9 | 7<br>x 9 | 5<br>x 9 | 8<br>x 9 | 9<br>x 9 | 4<br>x 9 |
| 3<br>x 9 | 2<br>x 9 | 6<br>x 9 | 4<br>x 9 | 9<br>x 9 | 8<br>x 9 | 1<br>x 9 | 0<br>x 9 | 7<br>x 9 | 3<br>x 9 |
| 1<br>x 9 | 9<br>x 9 | 0<br>x 9 | 4<br>x 9 | 5<br>x 9 | 6<br>x 9 | 2<br>x 9 | 8<br>x 9 | 7<br>x 9 | 3<br>x 9 |

Date: _____  Score: _____/100  Time: _____ Min. _____ Sec.

# Timed Drill Review for Six to Nine Times Tables

Name: _____

| Row 1 | Row 2 | Row 3 | Row 4 |
|---|---|---|---|
| 9 x 1 = ____ | 8 x 6 = ____ | 7 x 2 = ____ | 6 x 3 = ____ |
| 6 x 6 = ____ | 9 x 4 = ____ | 8 x 7 = ____ | 7 x 5 = ____ |
| 7 x 9 = ____ | 6 x 0 = ____ | 9 x 4 = ____ | 8 x 8 = ____ |
| 8 x 2 = ____ | 7 x 5 = ____ | 6 x 3 = ____ | 9 x 2 = ____ |
| 9 x 7 = ____ | 8 x 2 = ____ | 7 x 6 = ____ | 6 x 4 = ____ |
| 6 x 5 = ____ | 9 x 7 = ____ | 8 x 8 = ____ | 7 x 0 = ____ |
| 7 x 3 = ____ | 6 x 9 = ____ | 9 x 0 = ____ | 8 x 6 = ____ |
| 8 x 8 = ____ | 7 x 3 = ____ | 6 x 5 = ____ | 9 x 7 = ____ |
| 9 x 4 = ____ | 8 x 8 = ____ | 7 x 9 = ____ | 6 x 1 = ____ |
| 6 x 0 = ____ | 9 x 6 = ____ | 8 x 2 = ____ | 7 x 3 = ____ |
| 7 x 1 = ____ | 6 x 4 = ____ | 9 x 5 = ____ | 8 x 5 = ____ |
| 8 x 9 = ____ | 7 x 8 = ____ | 6 x 8 = ____ | 9 x 8 = ____ |
| 9 x 6 = ____ | 9 x 7 = ____ | 7 x 4 = ____ | 6 x 4 = ____ |
| 6 x 3 = ____ | 8 x 5 = ____ | 8 x 9 = ____ | 7 x 2 = ____ |
| 7 x 5 = ____ | 7 x 2 = ____ | 9 x 3 = ____ | 8 x 6 = ____ |
| 8 x 4 = ____ | 6 x 8 = ____ | 6 x 7 = ____ | 9 x 1 = ____ |
| 9 x 1 = ____ | 9 x 5 = ____ | 7 x 0 = ____ | 6 x 3 = ____ |
| 6 x 0 = ____ | 8 x 3 = ____ | 8 x 1 = ____ | 7 x 5 = ____ |
| 7 x 2 = ____ | 7 x 6 = ____ | 9 x 6 = ____ | 8 x 8 = ____ |
| 8 x 7 = ____ | 6 x 2 = ____ | 6 x 7 = ____ | 9 x 2 = ____ |
| 9 x 8 = ____ | 9 x 3 = ____ | 7 x 5 = ____ | 6 x 5 = ____ |
| 6 x 5 = ____ | 8 x 4 = ____ | 8 x 4 = ____ | 7 x 4 = ____ |
| 7 x 7 = ____ | 7 x 1 = ____ | 9 x 2 = ____ | 8 x 0 = ____ |
| 8 x 4 = ____ | 6 x 0 = ____ | 6 x 8 = ____ | 9 x 9 = ____ |
| 9 x 6 = ____ | 9 x 9 = ____ | 7 x 7 = ____ | 6 x 5 = ____ |

Date: _____   Score: _____/100   Time: ____ Min. ____ Sec.

  OTM-1141 • SSK1-41 Timed Multiplication Facts

# Timed Drill Review for Six to Nine Times Tables

Name: _____

| | | | | | | | | | |
|---|---|---|---|---|---|---|---|---|---|
| 3<br>x 6 | 5<br>x 7 | 8<br>x 8 | 2<br>x 9 | 4<br>x 6 | 0<br>x 7 | 6<br>x 8 | 9<br>x 9 | 7<br>x 6 | 1<br>x 7 |
| 3<br>x 8 | 5<br>x 9 | 8<br>x 6 | 2<br>x 7 | 4<br>x 8 | 0<br>x 9 | 6<br>x 6 | 9<br>x 7 | 1<br>x 8 | 3<br>x 9 |
| 5<br>x 6 | 8<br>x 7 | 2<br>x 8 | 4<br>x 9 | 9<br>x 6 | 2<br>x 7 | 4<br>x 8 | 7<br>x 9 | 3<br>x 6 | 5<br>x 7 |
| 1<br>x 8 | 8<br>x 9 | 0<br>x 6 | 9<br>x 7 | 6<br>x 8 | 2<br>x 9 | 4<br>x 6 | 7<br>x 7 | 3<br>x 8 | 5<br>x 9 |
| 1<br>x 6 | 8<br>x 7 | 3<br>x 8 | 6<br>x 9 | 2<br>x 6 | 4<br>x 7 | 7<br>x 8 | 3<br>x 9 | 5<br>x 6 | 2<br>x 7 |
| 8<br>x 6 | 4<br>x 9 | 2<br>x 6 | 5<br>x 7 | 2<br>x 8 | 7<br>x 9 | 9<br>x 6 | 3<br>x 7 | 8<br>x 8 | 1<br>x 9 |
| 6<br>x 6 | 4<br>x 7 | 0<br>x 8 | 2<br>x 9 | 4<br>x 6 | 0<br>x 7 | 5<br>x 8 | 9<br>x 9 | 7<br>x 6 | 9<br>x 7 |
| 3<br>x 8 | 8<br>x 9 | 6<br>x 6 | 6<br>x 7 | 4<br>x 8 | 1<br>x 9 | 5<br>x 6 | 8<br>x 7 | 2<br>x 8 | 6<br>x 9 |
| 5<br>x 6 | 3<br>x 7 | 8<br>x 8 | 4<br>x 9 | 7<br>x 6 | 2<br>x 7 | 6<br>x 8 | 5<br>x 9 | 2<br>x 6 | 6<br>x 7 |
| 5<br>x 8 | 3<br>x 9 | 8<br>x 6 | 4<br>x 7 | 5<br>x 8 | 1<br>x 9 | 2<br>x 6 | 9<br>x 7 | 2<br>x 8 | 7<br>x 9 |

Date: _____  Score: _____ /100  Time: _____ Min. _____ Sec.

# Review Drill of Multiplication Facts of All Tables

Name: _____

| | | | | | | | | | | |
|---|---|---|---|---|---|---|---|---|---|---|
| **A** | 2<br>x 6 | 5<br>x 5 | 0<br>x 3 | 8<br>x 7 | 3<br>x 3 | 4<br>x 0 | 9<br>x 9 | 0<br>x 8 | 6<br>x 9 | 7<br>x 6 |
| **B** | 4<br>x 7 | 3<br>x 8 | 2<br>x 9 | 6<br>x 1 | 5<br>x 2 | 1<br>x 2 | 6<br>x 8 | 9<br>x 1 | 0<br>x 4 | 6<br>x 3 |
| **C** | 3<br>x 5 | 5<br>x 4 | 0<br>x 6 | 7<br>x 8 | 4<br>x 2 | 2<br>x 8 | 7<br>x 1 | 3<br>x 4 | 0<br>x 7 | 8<br>x 1 |
| **D** | 9<br>x 7 | 4<br>x 8 | 3<br>x 9 | 6<br>x 5 | 1<br>x 0 | 6<br>x 2 | 2<br>x 3 | 8<br>x 2 | 1<br>x 6 | 7<br>x 0 |
| **E** | 8<br>x 5 | 3<br>x 1 | 8<br>x 3 | 0<br>x 1 | 5<br>x 7 | 9<br>x 8 | 1<br>x 5 | 4<br>x 4 | 9<br>x 4 | 2<br>x 5 |
| **F** | 0<br>x 5 | 9<br>x 6 | 6<br>x 0 | 3<br>x 7 | 2<br>x 1 | 8<br>x 8 | 6<br>x 4 | 1<br>x 8 | 9<br>x 0 | 6<br>x 6 |
| **G** | 7<br>x 9 | 4<br>x 3 | 7<br>x 3 | 2<br>x 0 | 7<br>x 5 | 0<br>x 0 | 1<br>x 3 | 9<br>x 5 | 4<br>x 5 | 2<br>x 7 |
| **H** | 1<br>x 7 | 9<br>x 3 | 3<br>x 2 | 0<br>x 9 | 5<br>x 8 | 8<br>x 0 | 2<br>x 2 | 4<br>x 9 | 5<br>x 0 | 8<br>x 6 |
| **I** | 7<br>x 7 | 5<br>x 9 | 3<br>x 0 | 7<br>x 2 | 1<br>x 1 | 4<br>x 1 | 6<br>x 7 | 5<br>x 3 | 8<br>x 9 | 1<br>x 9 |
| **J** | 2<br>x 4 | 5<br>x 6 | 1<br>x 4 | 4<br>x 6 | 8<br>x 4 | 3<br>x 6 | 5<br>x 1 | 0<br>x 2 | 7<br>x 4 | 9<br>x 2 |

Date: _____  Score: _____ /100  Time: _____ Min. _____ Sec.

# Review Drill of Multiplication Facts of All Tables

Name: _____

| | | | | | | | | | | |
|---|---|---|---|---|---|---|---|---|---|---|
| **A** | 6<br>x 5 | 1<br>x 4 | 5<br>x 2 | 4<br>x 9 | 7<br>x 7 | 2<br>x 9 | 7<br>x 0 | 6<br>x 9 | 3<br>x 0 | 4<br>x 7 |
| **B** | 2<br>x 6 | 7<br>x 4 | 5<br>x 5 | 0<br>x 0 | 8<br>x 4 | 5<br>x 8 | 1<br>x 0 | 8<br>x 1 | 6<br>x 9 | 9<br>x 2 |
| **C** | 4<br>x 3 | 3<br>x 6 | 2<br>x 2 | 7<br>x 4 | 3<br>x 5 | 9<br>x 7 | 4<br>x 4 | 1<br>x 9 | 3<br>x 1 | 8<br>x 7 |
| **D** | 8<br>x 8 | 0<br>x 7 | 9<br>x 1 | 3<br>x 9 | 6<br>x 4 | 4<br>x 8 | 7<br>x 3 | 3<br>x 5 | 7<br>x 8 | 6<br>x 6 |
| **E** | 3<br>x 7 | 2<br>x 5 | 1<br>x 8 | 8<br>x 5 | 6<br>x 3 | 5<br>x 6 | 9<br>x 4 | 2<br>x 0 | 9<br>x 9 | 1<br>x 5 |
| **F** | 4<br>x 5 | 1<br>x 7 | 9<br>x 8 | 6<br>x 7 | 0<br>x 1 | 2<br>x 7 | 7<br>x 5 | 3<br>x 9 | 3<br>x 2 | 4<br>x 1 |
| **G** | 9<br>x 7 | 1<br>x 1 | 7<br>x 4 | 2<br>x 7 | 4<br>x 5 | 3<br>x 2 | 5<br>x 8 | 9<br>x 5 | 1<br>x 9 | 8<br>x 2 |
| **H** | 8<br>x 6 | 3<br>x 8 | 8<br>x 0 | 6<br>x 3 | 2<br>x 6 | 5<br>x 7 | 7<br>x 1 | 8<br>x 8 | 3<br>x 5 | 8<br>x 9 |
| **I** | 1<br>x 6 | 7<br>x 6 | 0<br>x 6 | 5<br>x 1 | 4<br>x 2 | 3<br>x 8 | 7<br>x 3 | 0<br>x 2 | 6<br>x 4 | 5<br>x 9 |
| **J** | 8<br>x 9 | 9<br>x 6 | 4<br>x 7 | 9<br>x 0 | 1<br>x 2 | 3<br>x 3 | 6<br>x 8 | 9<br>x 3 | 5<br>x 4 | 8<br>x 4 |

Date: _____    Score: _____ /100   Time: _____ Min. _____ Sec.

# Review Drill of Multiplication Facts of All Tables

Name: _____

| | | | | | |
|---|---|---|---|---|---|
| A | 2 x 3 = ____ | 2 x 5 = ____ | 4 x 8 = ____ | 9 x 5 = ____ | 7 x 0 = ____ |
| B | 3 x 5 = ____ | 3 x 8 = ____ | 5 x 1 = ____ | 6 x 1 = ____ | 8 x 2 = ____ |
| C | 4 x 9 = ____ | 4 x 2 = ____ | 2 x 6 = ____ | 7 x 8 = ____ | 9 x 7 = ____ |
| D | 5 x 2 = ____ | 5 x 4 = ____ | 3 x 4 = ____ | 8 x 0 = ____ | 6 x 5 = ____ |
| E | 2 x 4 = ____ | 7 x 9 = ____ | 4 x 0 = ____ | 9 x 6 = ____ | 7 x 3 = ____ |
| F | 4 x 6 = ____ | 8 x 4 = ____ | 5 x 2 = ____ | 6 x 2 = ____ | 8 x 8 = ____ |
| G | 5 x 9 = ____ | 9 x 6 = ____ | 2 x 4 = ____ | 7 x 6 = ____ | 9 x 4 = ____ |
| H | 2 x 7 = ____ | 6 x 3 = ____ | 3 x 8 = ____ | 8 x 7 = ____ | 6 x 7 = ____ |
| I | 3 x 1 = ____ | 7 x 5 = ____ | 4 x 5 = ____ | 9 x 3 = ____ | 7 x 1 = ____ |
| J | 4 x 3 = ____ | 8 x 1 = ____ | 5 x 6 = ____ | 6 x 5 = ____ | 8 x 6 = ____ |
| K | 5 x 5 = ____ | 9 x 8 = ____ | 2 x 7 = ____ | 7 x 1 = ____ | 9 x 9 = ____ |
| L | 2 x 8 = ____ | 6 x 0 = ____ | 3 x 9 = ____ | 4 x 6 = ____ | 6 x 1 = ____ |
| M | 3 x 2 = ____ | 7 x 4 = ____ | 4 x 3 = ____ | 5 x 4 = ____ | 7 x 7 = ____ |
| N | 4 x 4 = ____ | 8 x 6 = ____ | 5 x 8 = ____ | 2 x 0 = ____ | 8 x 5 = ____ |
| O | 5 x 0 = ____ | 9 x 2 = ____ | 2 x 1 = ____ | 3 x 5 = ____ | 9 x 3 = ____ |
| P | 2 x 6 = ____ | 6 x 4 = ____ | 4 x 6 = ____ | 4 x 7 = ____ | 6 x 8 = ____ |
| Q | 3 x 9 = ____ | 7 x 6 = ____ | 5 x 8 = ____ | 5 x 7 = ____ | 7 x 4 = ____ |
| R | 4 x 1 = ____ | 8 x 7 = ____ | 3 x 6 = ____ | 2 x 9 = ____ | 8 x 9 = ____ |
| S | 5 x 3 = ____ | 9 x 3 = ____ | 2 x 4 = ____ | 3 x 3 = ____ | 9 x 2 = ____ |
| T | 2 x 9 = ____ | 6 x 5 = ____ | 4 x 4 = ____ | 8 x 4 = ____ | 6 x 6 = ____ |

Date: _____      Score: _____/100   Time: _____ Min. _____ Sec.

# Review Drill of Multiplication Facts of All Tables

Name: _____

| | | | | | |
|---|---|---|---|---|---|
| **A** | 4 x 6 = ___ | 9 x 1 = ___ | 2 x 3 = ___ | 7 x 2 = ___ | 4 x 3 = ___ |
| **B** | 5 x 4 = ___ | 6 x 6 = ___ | 3 x 5 = ___ | 8 x 4 = ___ | 8 x 5 = ___ |
| **C** | 2 x 0 = ___ | 7 x 0 = ___ | 4 x 9 = ___ | 9 x 7 = ___ | 2 x 1 = ___ |
| **D** | 3 x 5 = ___ | 8 x 2 = ___ | 5 x 2 = ___ | 6 x 3 = ___ | 6 x 3 = ___ |
| **E** | 4 x 7 = ___ | 7 x 9 = ___ | 2 x 4 = ___ | 7 x 5 = ___ | 4 x 4 = ___ |
| **F** | 5 x 7 = ___ | 6 x 5 = ___ | 3 x 0 = ___ | 8 x 1 = ___ | 9 x 8 = ___ |
| **G** | 2 x 9 = ___ | 7 x 3 = ___ | 6 x 4 = ___ | 9 x 8 = ___ | 9 x 2 = ___ |
| **H** | 3 x 3 = ___ | 8 x 8 = ___ | 5 x 9 = ___ | 6 x 0 = ___ | 6 x 6 = ___ |
| **I** | 4 x 8 = ___ | 9 x 4 = ___ | 2 x 7 = ___ | 7 x 9 = ___ | 7 x 9 = ___ |
| **J** | 5 x 1 = ___ | 7 x 1 = ___ | 3 x 1 = ___ | 6 x 8 = ___ | 8 x 2 = ___ |
| **K** | 2 x 6 = ___ | 6 x 8 = ___ | 4 x 3 = ___ | 9 x 2 = ___ | 9 x 6 = ___ |
| **L** | 3 x 4 = ___ | 9 x 9 = ___ | 5 x 5 = ___ | 4 x 6 = ___ | 6 x 5 = ___ |
| **M** | 4 x 0 = ___ | 6 x 1 = ___ | 2 x 8 = ___ | 7 x 7 = ___ | 7 x 5 = ___ |
| **N** | 5 x 2 = ___ | 7 x 7 = ___ | 3 x 2 = ___ | 8 x 3 = ___ | 8 x 9 = ___ |
| **O** | 2 x 4 = ___ | 8 x 5 = ___ | 4 x 4 = ___ | 9 x 5 = ___ | 9 x 3 = ___ |
| **P** | 3 x 8 = ___ | 9 x 3 = ___ | 5 x 0 = ___ | 6 x 1 = ___ | 6 x 8 = ___ |
| **Q** | 4 x 5 = ___ | 6 x 8 = ___ | 2 x 6 = ___ | 8 x 7 = ___ | 7 x 4 = ___ |
| **R** | 5 x 6 = ___ | 7 x 4 = ___ | 3 x 9 = ___ | 0 x 8 = ___ | 5 x 9 = ___ |
| **S** | 2 x 7 = ___ | 8 x 9 = ___ | 1 x 4 = ___ | 9 x 6 = ___ | 9 x 3 = ___ |
| **T** | 3 x 9 = ___ | 6 x 8 = ___ | 5 x 3 = ___ | 6 x 2 = ___ | 6 x 1 = ___ |

Date: _____     Score: _____/100   Time: _____ Min. _____ Sec.

**Score Record Sheet for** _____ **Drills**

**Name:** _____

1. Date: _____

   Score: ____/25 Time: ____Min. ____Sec.

2. Date: _____

   Score: ____/25 Time: ____Min. ____Sec.

3. Date: _____

   Score: ____/25 Time: ____Min. ____Sec.

4. Date: _____

   Score: ____/25 Time: ____Min. ____Sec.

5. Date: _____

   Score: ____/25 Time: ____Min. ____Sec.

6. Date: _____

   Score: ____/25 Time: ____Min. ____Sec.

7. Date: _____

   Score: ____/25 Time: ____Min. ____Sec.

8. Date: _____

   Score: ____/25 Time: ____Min. ____Sec.

9. Date: _____

   Score: ____/25 Time: ____Min. ____Sec.

10. Date: _____

   Score: ____/25 Time: ____Min. ____Sec.

11. Date: _____

   Score: ____/25 Time: ____Min. ____Sec.

12. Date: _____

   Score: ____/25 Time: ____Min. ____Sec.

My speed and accuracy is

_____ .

---

**Score Record Sheet for** _____ **Drills**

**Name:** _____

1. Date: _____

   Score: ____/100 Time: ____Min. ____Sec.

2. Date: _____

   Score: ____/100 Time: ____Min. ____Sec.

3. Date: _____

   Score: ____/100 Time: ____Min. ____Sec.

4. Date: _____

   Score: ____/100 Time: ____Min. ____Sec.

5. Date: _____

   Score: ____/100 Time: ____Min. ____Sec.

6. Date: _____

   Score: ____/100 Time: ____Min. ____Sec.

7. Date: _____

   Score: ____/100 Time: ____Min. ____Sec.

8. Date: _____

   Score: ____/100 Time: ____Min. ____Sec.

9. Date: _____

   Score: ____/100 Time: ____Min. ____Sec.

10. Date: _____

   Score: ____/100 Time: ____Min. ____Sec.

11. Date: _____

   Score: ____/100 Time: ____Min. ____Sec.

12. Date: _____

   Score: ____/100 Time: ____Min. ____Sec.

My speed and accuracy is

_____ .